老子

大一生水

出土的啓示

自然與磁現象的探索

王銘玉◎著

自序 / 004

推薦序 / 007

前言 / 009

目錄

002
目
錄

卷一 **大一生水磁與科學的關係**

在自然與磁的十字路口 / 014

自然的意義與因果論哲學 / 017

老子的大一生水磁 / 019

自然之辯 / 020

中西文明異中存同的過程 / 023

卷二 **地球上的西洋與我國之差異**

西方古代的歷史地理變遷 / 034

我國古代的歷史地理變遷 / 037

人類的書寫語言之不同 / 045

我國發現甲骨文的經過 / 047

東西方的文化傳承 / 049

卷三 **磁文化的歷史演繹**

磁文化 / 055

老子與象數 / 067

尋找老子的足跡 / 070

陰陽與老子 / 075

風水術在我國 / 079

八卦的演進 / 087

想像老子在東周京畿/ 098

我國的太歲星次與古代的占星 / 106

對西方平面數學的評論 / 123

太陽系行星中異常的天王星 / 126

天王星異常引起的地球天然災害說 / 128

現代的超新星與占星 / 137

卷四 磁學今說

磁的影質基礎說及指南針檢測 / 157

水磁 / 162

土磁 / 163

氣磁 / 164

電磁感應及磁的比較 / 166

卷五 從實例看磁文化

杜聰明與柯源卿的自然實驗 / 168

水磁與緩衝 / 173

萬物有靈及鬼神 / 174

磁石對人體的影響 / 189

磁石影響生活環境 / 191

極光與閃電 / 193

卷六 自然實驗在西方

自然實驗的改良者 – **琴納** / 198

自然實驗的早逝者 – **史諾** / 200

自然實驗的苦行者 – **法拉第** / 204

自然實驗的執行者 – **巴斯德** / 209

演化論的提倡者及擁護者 – **達爾文及赫胥黎** / 212

自然實驗的隱士 – **孟德爾** / 217

自然實驗的實行者 – **梅森** / 219

自然實驗的分心者 – **魏爾嘯** / 224

自然實驗的中輟者與科學家 – **柯霍** / 226

以毒攻毒的科學家 – **艾爾利希** / 227

自然實驗的幸運者 – **佛萊明** / 229

做自然實驗的人 / 231

附錄 **大一生水原文、意譯及解讀**

《大一生水》原文 / 234

意譯及解讀 / 235

參考書目

003

自序

　　自從讀了李春生的著作，又加上大陸上海浦東機場磁浮通車，我覺得需要找幾本古書來探索磁浮的記載。一想到孔子的《論語》只是講人間的事務，而周易的形成過程中，出現的天（乾）、澤、火、雷、風、水、山、地（坤），比較接近先民的大自然思想，但是也跟磁浮似乎無關。想來想去覺得原本看不太懂的老子的《道德經》也許還可再試讀一探究竟。最初以輕的浮在上面，重的沉在下面的觀念，在總計81章的《道德經》條文裏，逐章去找看看有什麼是符合的所謂的「磁」的論述。當時沒想到這麼認真一試，原本符合地球大氣生命圈之內的道理就相應一一浮現。

　　由於老子跟孔子都以君子為莊重者，我感到不妙嚴肅的氣氛，幸好得力於我的傳統中國語文一點基礎，探索起初研究時，很快地就找到了好幾章與我的想法似乎是不謀而合的推論逐漸有所呼應。

　　接下來要仔細推敲判讀《道德經》究盡在講些什麼？其實這時候我跟自古多數的讀書人一樣一知半解，只不過多了沉浮的物理觀念。透過現代互聯網搜索資訊的方便，不太費時我又找到了署名老子的《大一生水》竹簡的內容。但是要辨別以方言編寫的篆書字體的《大一生水》，還得要花一番功夫才能確認。還好我在竹簡的《大一生水》裡找到「上，氣也。而謂之天」的「氣」字和同批竹簡的《老子丙》找到「心使氣曰強」的「氣」字。兩個「氣」字雖然寫法不同，但是還依稀可辨認出寫的是同一個字，從一點點的揣測，產生一絲絲端倪，這使我加強了對《大一生水》譯文的信心。有了這樣的信心，使我能專心對《道德經》及《大一生水》研讀下去。

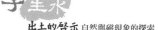

回憶我的先師－台灣公共衛生界先驅學者，已故台灣大學醫學院柯源卿教授，他多年來經常風塵僕僕從台灣台北南下，陪我至西南沿海鄉下的烏腳病流行地區巡診訪查，給我極多的鼓勵，是我的研究諮詢，也時常與我討論，甚至於引導我的研究走上正確的方向，至今心中無限緬懷。

退休前幾年的因疏忽身體，導致中風入院，使得原本診病醫療與執著的研究工作就此停頓。復建與出院期間，長期受到家人親友照料協助，並承蒙許多同仁親切關照，特別要感謝您們的耐心包容。謹將這本書獻給多年來一起工作的伙伴，以及經常陪伴我、也時時關心愛護我的所有人士，藉此表示內心由衷感謝。

我同時要提起我的另一半芬妹，我中風後，她鼓勵我用電腦雜記往事或嘗試寫書，雖然我從來沒有想到過要寫一本書。但是能有這本書的出現，確實是經過一番督促與自我期許，總算勉勵完成。其間，又在台灣鄉間實地進行多次對照與考察。當趁她駕車帶我返鄉或出遊時，我坐在車上靠一具圓盤型指南針觀察時，是我最高興的時候。有時候我坐火車，我就把指南針放在座椅的扶手上觀察。我遠距觀察的地上目標是台灣島中央山脈南端，位於台東縣、花蓮縣、高雄縣交界處附近的嘉明湖。距離山頂湖正西方94公里處是我工作22年的地方，位於台灣島最大的嘉南平原的海邊。我從島的東、南、西三個方位觀察地理思考推測。

尤其，透過現代數位資訊互聯網的便利性，我廣泛蒐集國內外相關資訊，這在30年前是不可能的。利用互聯網尋找資料的能力我得到了很多新知，再加

上我行動不若從前方便，退休生活亦單純，使我能不受干擾的得以海闊天空思考下去，這才有決心撰寫本書文稿。因此本書內容多為自我暢言，上窮碧落下黃泉，臆想推論噓言多，非關學術觀點，有盡力但無法全然滿意，尚祈各界多予賜教。

　　最後要感謝賜文推薦序的劉道廣教授、我的父母親及所有的長輩、好友們。

花蓮美崙濱海書房
王銘玉

推薦序

　　老子是中國先秦時代的思想家，哲學家，他的思想對後世有相當的影響，特別是從上世紀始，對老子思想的熱衷程度明顯提昇，對他的思想評價越來越高。但是這一位偉大的人物，人們對他的生卒年都沒能搞清楚。

　　傳世的老子著作是《道德經》，在漢代墓葬出土物中有手抄本，但前後內容和今天的傳世本相反，可見在二千多年前的人對此書的理解已經和今天大不同。

　　1993年在湖北荊門市沙洋區郭店又出土一批文物，其中有附在《老子》丙本亂簡之後的另一類簡文，即"大一生水"竹簡。其辭甚簡約。

　　"大一" 即"太一"。

　　這批出土楚簡整理公佈後，引起古文學界、哲學界和科學界的高度關注，古文學界關注的是她是以前未曾發現的先秦著作，對作者是老子，還是關尹爭論未止。哲學界和科學界則關心到她所表達的宇宙觀、社會觀的真實涵意為何。

　　王銘玉先生的專業是醫學，本人行醫多年，結合臨床經驗豐富而勤於思考，他又透過自己患病療癒的深刻體會，對老子"大一生水"的楚簡內涵別有領悟，於是撰稿著文，完成這本學術探索至深的專著。

　　綜觀有關文獻，至今對"太一生水"的研究者都局限於老子《道德經》的引證，或增加對《莊子》的引申。即使存疑作者非老為尹者，其印證之資料仍不出先秦文獻。因此可以這些研究都只在字句的斟酌、文意的直白，還未窺"太一生水"的學術意蘊之堂奧。

　　王銘玉先生則不然，他首先指明"太一生水"之"水"，乃"水磁"之意。然後從史學線索歷數古埃及和中國的"自然"比對，再進入"磁文化"的層面，仍然以中

西文化比對為背景，指出"磁文化"實淵源流長的學說。再以今日現代學術角度提出"磁的物質基礎"，詳論磁的幾種生態。最後以實例證實"磁文化"在宇宙、人生、人體歷程中的作用。

可見，王銘玉先生的思考完全不同於目前中國大陸相關研究者的模式；他把"太一生水"從老子的名實之辨中擺脫開來，把"太一生水"命題放在科學論據平台上加以檢測，使"太一生水"的古老命題綻放出現代學術的生命力，這是真正學術研究的開始。

中國的先秦時期思想爭鳴十分熱鬧，正如相當於前後同時的古希臘哲學家的前後遞進。不同的是後者開啟了實驗科學之門，中國則開啟了宏觀思辨之路。實驗科學易趨精確，宏觀思辨直入根本。易趨精確利於明白如畫，但也易無意味而心神交疲；直入根本利於洞若觀火，但也會因此無所用意而心神飄逸。以博奕為例，如西方象棋兩軍對陣，棋子名份清楚不可轉換；中國圍棋依然兩軍對陣，但以黑白分你我，無名無份，而變化之無窮非前者可比。以此論之，"太一生水"說之本質契合了王銘玉先生提出的種種現代科學已論證的自然現象，就在於老子"太一生水"把握了一切自然物質運動的本質——磁的作用，這也許就是中國古代學術以宏觀視野能夠"直入如來境地"，使今天科學界為之引申論辨的原因吧。

我對"太一生水"本無研究，在王銘玉先生專著指引下才對之有些了解，又承美意邀請我為序，於是勉力寫了以上內容，同時以此短序推薦，謹供讀者諸君參考。

中國東南大學藝術學院教授、博士生導師

劉道廣

前言

　　1993年，湖北荆門郭店戰國晚期楚墓出土竹簡《大一生水》，共284字，據考證《大一生水》出自周朝時代老子。筆者認為大一生水的意思是大一生水磁，老子《道德經》裡的「水」是水磁的意思。

　　老子在《大一生水》中說：「大一生水，水反輔大一，是以成天。天反輔大一，是以成地。天地復相輔也，是以成神明。神明復相輔也，是以成陰陽。陰陽復相輔也，是以成四時。四時復相輔也，是以成寒熱。寒熱復相輔也，是以成濕燥。濕燥復相輔也，成歲而止。故歲者，濕燥之所生也。濕燥者，寒熱之所生也。寒熱者，四時之所生也。四時者，陰陽之所生也。陰陽者，神明之所生也。神明者，天地之所生也。天地者，大一之所生也。」

　　身為大史的老子負責星象必然夜觀天象，看到北極光像流水般流過天際，而且在立冬他得向周天子報告盛德在水，因而認為磁是水的模樣，所以叫做水。水磁的來源是宇宙，老子可能知道黃帝的臣子風后發明指南車，因而在逐鹿戰爭中打敗蚩尤一事的故事，使他認為水磁是從北極星方向的宇宙洄漩過來的，所以這個方向的宇宙老子認為是「大一」。

　　歲就是一年的意思，我國自遠古以來就以星辰天象配合四季景物變化來決定一年的長短，這就是傳統的陰曆。陰曆雖然配合我國的農業社會用起來方便，卻也有閏月的情況（也就是每4年有一個月重復一次），考究其原因，這是以月亮的圓缺以及5星（水、金、火、木、土星）的天象變化所制定的曆法雖然堪用但是其根據存疑。第6顆天王星至近代借助天文望遠鏡才能看得到，而且發現她有別於太陽系的其他行星的行為怪異，所以她對於在地球發生的天然災害推測是有影響的。

今人郭沫若說：「歲星是12年走一周天，但並不是整整12年，要比12年少一點，積82.6年便超時辰30度」。如果由郭沫若的論說核對天王星的公轉一週要耗時84.02年來比較，這一點在時間上來講可說是接近的。由老子對水磁的觀念來看同樣是太陽系一員的天王星與地球，地球旋轉周期被直徑大她約3、4倍的天王星之水磁控制的想法是合理的。除了天王星以外，在太陽系其他行星的旋轉都很穩定的情況下，以天王星轉回原點的時間作為地球時間的計算標準之根據，以便有穩定的太陽系時間標準，作為進一步探索其他星系時間之參考，應該是件可以一試的事。

西方的太陽曆從古埃及的曆法開始就是因地制宜，以古埃及尼羅河變化和當地的沙漠氣候而制定，演變成今天的太陽曆，這種曆法雖然不必有閏月，但是照舊有一年的天數有不是整數的缺點。

中美洲的瑪雅長曆法的計算，是從西元前3113或3114年的某特殊事件發生或結束算起，與天象無關。

比較上述3種曆法，只有我國是從「天、地、人」的天象與自然關係設定的，但是這種「天、地、人」的關係，是把人類自以為是置於天地之下的萬物之靈來假想的，並沒有考慮到其實人只不過是宇宙的有機成份之一而已，以實體結構來說，只有「天、人、地」的關係才是適合我們人類的處境，尤其是遇到有宇宙的結構或外星生物要列入地球生活中來處理時更是如此。

超新星是天上不動的恆星裡曇花一現的星雲，我國古人注意到這種現象而被記載流傳下來，而這也進一步演變成我國古人重視天象相信占星的原因。

古埃及建造金字塔也許從日照下塔的陰影裡得到平面幾何的印象，古希臘早期的哲學家畢達哥拉斯從鋪地磚的經驗，領會到金字塔陰影中直角三角形兩邊面積之和，等於其斜邊的面積，後來被稱為「畢氏定理」，是為西方平面數學的濫觴。

但是我國自古以來就在「天、人、地」的架構下發展出一套立體的象數觀念，逐漸演變成太極、陰陽、四象、八卦、六十四卦等的加一倍法，作為磁在人間的應用。

筆者認為由宇宙而來的水磁進入大氣生命圈後和地球隕石坑的土磁相會，變成地球的水磁、地球的土磁或地球的氣磁。氣磁從地球往上到未進入電離層前的大氣中間層頂，氣磁在這裡可反射回地球上的任意點，但是氣磁也可靠折射進入電離層成為水磁，離開地球往宇宙而去。

老子在《道德經》中講的「道」就是他理想中的「自然」通道，這個「自然」通道從宇宙到達屬於個人的萬物有靈之前，我們只知道自己有參與而已。在到達萬物有靈之後而未進入「德」的門坎之前，人們可能走入歧途。如果還是走「自然」通道就能進入「德」的門坎。鬼神只是從萬物有靈到「德」的門坎這段路程之間無方位的能量，如果通過「德」的門坎之後，就變成有方位的能量了。老子以水和緩衝來表示「道」。

Nature一語嚴復在意譯赫胥黎的天演論時不幸誤譯為自然，其實該詞在西洋語言的意思是本質，有別於老子的「自然」。

卷一.
大一生水磁與
科學的關係

大一生水磁與科學的關係

一. 在自然與磁的十字路口

一百年前在台北大稻埕居住的台灣人基督教徒社會賢達李春生[註1]，不滿清末名士嚴復[註2]創導盲目師法西學，翻譯赫胥黎的《天演論》，引起全國一窩蜂地學習天行，也就是科學的風潮而不加以選擇，身居日本帝國新殖民地台灣的他老人家，詳讀該書後特地著書對達爾文（Charles Darwin 1809-1882）、赫胥黎（Thomas Huxeley 1825-1895）、斯賓賽（Herbert Spencer 1820-1903）和同是福建鄉親的嚴復進行不同意見的辯論。像這樣的國是辯論真可謂驚天地、動鬼神，可惜李春生的著作在一百年後才重見天日，讓筆者也才有機會讀到她，讀後不勝感嘆唏噓。

筆者讀到李春生著作集中的另一本，在《星縮略解》和《續星縮略解》篇，討論了牛頓萬有引力定律的錯誤使人印象深刻。他認為格致家（今日稱為科學家）之所以認為月亮之於地球有離心力，是因為他們接受了錯誤的萬有引力定律後要用來掩飾錯誤的關係。

事實的確是如此，在今天科學家承認宇宙膨脹論後，應該已沒有這種引力與離心力存在，但是作為宇宙間一個星球的地球，其地心引力的學說仍然主導科學界。

最值得稱道的是李春生為了辯護地球將來不會被太陽併吞，一如當時的格致家所相信的那樣，他說：「藉曰置此地球於爐上，烘之以炎火，焙之以猛熱，使縮至小若水星，鍛成磁殼，亦非容易能為太陽所併」，他是說假使把地球像打鐵匠一樣的鎚打成像水星一樣小的磁殼，也不容易被太陽所併吞。

李春生認為太陽系的星球之間，還沒有看到因為互相吸引而發生碰撞的，因此筆者認為這可能是因為正在運動的磁殼，對於另外一顆相當體積的磁殼只有磁浮現象而不會產生碰撞的，但是體積相差懸殊的不同磁殼則可能碰撞。例如我們

在地球上可以看得到的原始星球爆炸，其碎片高速撞擊地球或撞擊後留下的隕石坑。這是筆者的推論與想法，未經進一步探討不能算是證實，但是李春生認為地球不易為太陽所併的這個推論，應該是沒錯的。

為什麼李春生沒有天體的觀察也沒有科學的證據，況且他還是位虔誠的基督教徒，怎麼還能夠得到這樣的結論呢？因為他自言自語說的「自然是這樣」的「自然」（閩南語或台語發音–阻zen），唸起方言來就和老子時代「自然」的發音一樣。而"nature"是本質的意思，因為古希臘文明發展的背景與我國不同，所以才造成本質和老子的「自然」之實質的差異，只不過在我國語文翻譯"nature"時，大多翻譯成自然而已。所以本書用到老子的自然時，都加上括號。

即然牛頓萬有引力不存在，我們有理由提出磁浮是個可取而代之的新想法。筆者就是以自己中風後引起肢體障礙但還能步行的經驗，來思索浮力的種種，並以種種推論的結果進一步計劃如何進行撰寫這本書。

李春生在《續星縮略解》還有一句發人深省的警語：「復有他辯者曰：『為是說者，或恐華人之後起者，才力智識將有一日凌駕西人而上之，斯時也，勢必妨及物競之界。故造種種謊誕新說，使譯而讀之者，如墜十里霧中』」。此段話表示西方人怕將來有後起之秀的華人，聰明才智有一天凌駕西人之上，屆時必定會妨礙達爾文與赫胥黎的「生存競爭強存弱亡」的科學說法，所以提出種種謊誕學說使翻譯而讀她的人如墜十里霧中。其實不必等聰明才智的人出現，2,500年前的老子就已經將這個解答準備好了，只不過我們後人沒用心去讀他的書，所以這本書只是聊盡筆者對老子著作的理解寫下來的心得而已**圖1-1, 1-2**。

圖1-1, 1-2　李春生的兩幅照片（資料來源：莊永明網站）

註1　**李春生**　原籍福建泉州府同安縣人，生於1838年，15歲隨父入洗基督教，開始學習英文兼習商業，1856年應聘為廈門英商怡記洋行掌櫃。於1865年（同治4年）東渡台灣，1869年轉任台灣淡水英商寶順洋行總辦，協助經營茶葉。不久轉任台灣英商和記洋行，從此亦自製茶葉外銷獲利甚豐，名列台灣首富之一，人稱台灣茶葉之父。1874年日本以琉球難民被台灣南部牡丹社原住民殺害為藉口派兵登陸。對日軍侵台李氏主張以賠賞軍費並要求日軍撤兵，他在《中外新報》首論台事，他說：「台灣僻處南五省之東，隔洋僅數百里。孤懸海外，縱橫富麗，甲一巨省。然雖孤島遠懸，險要地利，識者以謂東南半壁屏藩。以形勢而論，枕橫閩、浙各口，貫通西、北二洋，為東南7省咽喉重地。其利害也，有若唇齒之關，得之，藉以振國威，保疆宇；失之，不但辱國體，資敵勢，且沿海7省因其戕，水師一帶受其制。外侮一動，內患皷惑。台灣一島，關繫中華全局，自宜加意保守，萬勿疎忽輕視」。1895年日本領台後殖民當局為籠絡台人，派員帶領台灣富人赴日本朝聖，李氏參觀後自述對故國之落後與新帝國之氣象對比，感慨萬千。1900年前後遂有他的一系列文集在祖國出版，可惜祖國局勢混亂不得持續。1993年台灣學者李明輝、黃俊傑及黎漢基等人根據李春生的後人存留的手稿並和赴大陸搜索李文，整理後由台北南天書局出版名為《李春生著作集》數冊。

註2　**嚴復**　出生於1854年，福建候言人，今屬福州市。1877-1879留學英國，著有《天演論》等書。鼓吹進化論，翻譯西書獨領風騷，主張信、達、雅為翻譯準則。袁世凱稱帝時曾任北大前身的校長。

二. 自然的意義與因果論哲學

英國哲學家休謨 **圖1-3,註3**（1711-1776）在《自然宗教對話錄》裡他認為：為了證明上帝的存在而設計出來的論證是沒有說服力的，只有證明了不一定是上帝的某物或許還可說曾經是「第一原因」，本質之中的秩序可能是本質發生過程的「結果」。

在講究短暫的「因果論」的西方世界裡，即使休謨不想討論上帝存在與否，他也不得不拿出他所論證的「因果論」來作擋箭牌。但是他的因果論之一是建基於過去的經驗，而不是從理解而來的，他把她叫作負歸納法因果論（Causation and Inductive Inference: The Negative Phase）。假使是基於生活中的風俗習慣，就叫作正歸納法因果論（Causation and Inductive Inference: The Positive Phase）。他提出"慈善"是道德的歸宿的說法。老子《道德經》提到"道德"與"自然"關係如下：

老子《道德經》51章記載：

> 道生之，德畜之，物形之，勢成之，是以萬物莫不尊道而貴德。道之尊，德之貴，夫莫之命而常自然。

譯文及解說：

從「大一」洞漩流出水磁，經過萬物之母的前半部超越到「德」的門坎，再超越後半部到位，所以萬物有靈沒有不尊「道」而貴「德」的。萬物有靈從「道」接受的水磁，經過鬼神再洞漩進入「德」的門坎，經過陰陽、四時、濕燥、寒熱等介質使物形、罔兩及（水）磁到達方位，就叫做「自然」。

在東、西方老子和休謨都提出「道」與「德」或者道德是人類共同生活不可或缺的條件，但是赫胥黎提倡的科學標榜人定勝天的說法，誤導此後多數科學家的走向。老子因為是做官兒的人（東周王室大史），所以除了講自然外，還講如何在戰場上的防衛。

他甚至於在《道德經》31章說：

「夫佳兵者不祥之器，物或惡之，故有道者不處。君子居則貴左，用兵則貴右。」

譯文及解說：

領軍的人要注意兵器強大是不祥的器械，是令人厭惡的工具，所以自然通道的水磁流通的話，自然人（意思就是像老子一樣的公務員）是不願意處在這種環境的。

圖1-3　休謨。

註3　休謨（1711-1776）英國的哲學家及歷史學家，和他同一時代的學者之所以不能認同他的觀點，是因為他是懷疑主義者和游移的無神論者。後世的康德放棄無形轉而研究有形物質的哲學，被認為是受不了休謨的獨斷言論所影響的。達爾文和他的同夥赫胥黎則認為休謨的影響是中心性的。今天的哲學家把休謨當成「認知科學」的前驅者。休謨鑑於當時教會力量過於強大，雖然寫完《自然宗教對話錄》後他的好友經濟學家亞當史密斯鼓勵他出版，但是還要等他過世後3年，於1779年由他的姪兒代為出版。該書內容是三位對話者中的一位的學生擔任總評，其中的老師是位精準的哲學家，此外一位是僵硬沒有變化的教師外，另一位是粗心大意的懷疑主義者。但是從對話中才知道他的老師是位粗心大意的人，而懷疑主義者反而是講求策略力求正確的人。休謨一生中沒有擔任過學院的教職，1751年他出版過《關於道德的原理》。

三. 老子的大一生水磁

「大一生水」的意思若照字面解釋就是大一生水磁的意思，至於「大一」筆者認為只能以指南針所指的「北極星方向」名之。針對老子《道德經》裡的「自然」，從《大一生水》的出土文獻和歷史角度加以探討，而且為了要達到把李春生和嚴復講的自然分辨的目的，探討李、嚴兩人的間隔時空辯論自然一詞是有其必要的。

從老子的《道德經》及《大一生水》裡可以明顯地看出他對於母系氏族群體的懷古情結，這也許是到他身處東周王室的時代的歷史演變還能找到這種情結，但是和他同時代也有記載兩人見過面的後輩孔子就完全不這麼想。所以讀《道德經》時，如果是有關於母系氏族群體，本書特別以表示雌性的她來代表。磁的古字是慈，意思是慈愛的母親，所以不論是水磁、土磁或氣磁都以她來表示。因為星星也是磁的來源，所以也用她來表示。

作者認為莊子應該也想到萬物有靈是屬於個人的，這使得個人的磁到位，況且他和老子的思想世稱老莊思想，所以放在一起討論。莊子講的罔兩可能是得自《論語》的一句話：「子曰：『人之生也直，罔之生也幸而免』」，意思是說好孩子生下來很直率（像孔子自己那樣），壞孩子生下來就心存僥倖、逃避責備。莊子可能故意要挑孔子的語病，所以把景與罔兩的故事寫在《莊子內篇·齊物論》裡。莊子講的無形、也就是景與罔兩，和本書將定義的罔兩，也用她來表示，本書後面將討論的宇宙裡的影子，也可以用罔兩來表示圖1-4。

圖1-4

老子和孔子會面的彩繪壁畫，這是山東省東平縣一座漢代古墓之內發現的。最左邊清瘦的人是老子，作揖的人是高壯的孔子。老子好像不太情願跟孔子打招呼。（圖片來源：山東省文物局）

四. 自然之辯

　　筆者怎麼會想到李春生對「自然」的認知是從老子時代傳來的呢？百年前嚴復先把赫胥黎關於《天演論》一系列的演講摘其要義節譯成許多篇幅，然後以自己曾留學英國的經驗，寫出適合國情而不離題意的文章，相對應編輯成《赫胥黎天演論》的書。他在書中強調的天行是本質的意思，也就是我們今天講的科學。因為老子的《道德經》編於2500年前的東周，講的是「自然」的軌跡以迄於人間，以人的立場來說也可說是自然人的觀察，顯然和科學的本質講的是人定勝天有所不同。（其實嚴復講的是本質，只不過他誤用了自然這一詞而已）。為了分辨二者的不同，李春生的書適足以辯駁這一點，所以成為本書討論的內容。

　　老子在《道德經》多次使用「自然」一語，沒料到2500年後自然這個名詞，首次被福建人嚴復於1900年代左右翻譯赫胥黎的《天演論》成中文時使用，引起了李春生出於方言上自覺嚴復引用錯誤而強烈反駁，沒想到這就引發了2500年前綻積下來的公案被提起。嚴復當時有感於我國需要這種救亡圖存的新學說，於是

圖1-5　嚴復

圖1-6　嚴復翻譯「赫胥黎天演論」一書的封面

把這些演說內容意譯成中文為導言，並且自己根據讀書心得寫了同樣篇幅的文章為論。他在每篇文末加註評語合而輯為《天演論》成書。李春生讀了嚴復翻譯的《天演論》之後，有感於該書名詞天行用自然這個名詞來表達，直覺上是感到荒謬不經的，遂於原書之外再加註不同意見印行出版。李春生並不知道嚴復之以相當篇幅寫下的心得並不是赫胥黎的原著，但是這並不影響這本有神論者對天行演化支持者辯論的精彩內容，天行一詞是出於嚴復的翻譯科學這一名詞而來的 **圖1-5, 1-6** 。

根據筆者的經驗一個人的口音可以在短短的2、30年間因為居住地改變而改變，但是當事人並不知道。從歷史知識我們知道周朝以前的後代人民的語言，今天還可以在閩南、台灣的方言口音裡找到類似的古代發音，因此要研究《道德經》唸時最好能夠以閩南方言發音，才不失其原味。東周時代的《道德經》全文文字我們雖然找不到古代的文物，但是從流傳至今的文字可以窺其要義。對照起湖北荊門郭店楚墓發掘出來的戰國時代的老子《道德經》竹簡文字（可能是根據已改變發音的方言而用篆書寫的），參照今本《道德經》的文字加以了解其意，再從閩南方言著手來辨別她的讀音，例如「自然」讀作阻zen，這樣就能分辨出《道德經》的「自然」和現代的自然，在文字上雖然相同但意義是不同的。

《大一生水》的出土及解譯讓筆者能夠將這本書和《道德經》連貫起來讀，然後思考其意義，這麼做就能夠融會貫通，最後再寫成今天運用的文字，這就是筆者在寫本書前的準備功夫，而且這個方法不失為翻譯比《論語》更古老的書的好方法。

經由百年前兩人對時空隔離的同一文字之辯論，也讓我驚覺到自然的含義古代和現代是不同的。追溯下去居然發現曾經對話過的老子和孔子在思想上相差那

麼多，以至於我不得不懷疑他們之後2500年來的歷史演變，是不是兩人之中至少有一人的言論跟隨歷史局面演變，才有今天對兩人不同的看法有這麼大的歧異？當然我們從歷史知道孔子的禮教延續了將近1850年（從東漢班固的「罷黜百家，獨尊儒術」算起到清朝滅亡止）。

記得當筆者在50幾年前還是小學5、6年級的小學生時，有一門課叫自然，那是包括物理、化學及生物的課，其實是那本書使用了自然一詞代表科學。而李春生經由閩南方言對「自然」的理解認為《天演論》的說法，跟他身為基督教徒而且生活在傳統華人社會下以閩南話講話的認知不同，所以要爭辯個清楚。但是同在閩台地區的嚴、李兩人，不曉得社會變遷已造成對同一詞的認知有這麼大的分野，因此筆者認為有需要針對兩人對自然的言論不同處分辯個清楚。但是在現代如果以閩南方言「自然」來解釋老子「自然」的含義也不是辦法，因為方言語彙稀少且因年代久遠變得片斷且不連續，虔誠的基督教徒李春生的觀點也有侷限性。為了全面了解《道德經》及新出土的《大一生水》的內容，筆者將闡述「自然」並加以發揮，並以王弼本的《道德經》主題當官的自然人為骨幹。

五. 中西文明異中存同的過程

　　1930年代以前西方一直以為距當時約300多年前義大利的伽利略（Galileo Galilei 1564-1642）心目中的重力，是人類經驗到的力，而當時將近250年前的牛頓萬有引力定律，把這種力定義為星球之間的引力，這個說法到今天仍然歷久不衰。而且把宇宙彌漫著不知名的雲霧可能是星際塵埃或氣體，都歸諸於這種純引力聚集而引起的。到了1929年哈伯（Edwin Hubble 1889-1953）發現星系光譜都有紅位移的現象，也就是光譜中的譜線往紅色一端偏移，而且星系亮度的減弱與紅位移的增大有高度的相關，紅位移越大星系的光線越弱。也就是說光線越弱的星系距離地球越遠，所以天文學家的結論是紅位移越大的星系距離地球越遠，這樣一來就造成了宇宙膨脹或收縮的問題必須解決了。為了配合哈伯的星系光譜紅位移的新發現而有所發揮，宇宙膨脹的新說法就因而興起。二次世界大戰後憑藉核子知識的開放，加莫夫（George Gamow 1904-1968）提出了大霹靂[註4]的說法。接著阿爾佛（Ralph Alpher 1921-2007）和賀爾曼（Robert Herman 1914-1997）預言宇宙必定殘留有一種背景輻射。1978年威爾遜（Robert Wilson 1936）與彭齊亞斯（Arno Penzias 1933）發現宇宙背景輻射（CMB）[註5] 的存在，使得天文學家對大霹靂感到興趣，因為宇宙背景輻射只能解釋來自大霹靂而無法以星縮來解釋。1981年日本東京大學佐藤勝彥（Katsuhiko Sato 1945）及美國的谷史（Alan Guth 1947）發表「暴脹宇宙論」提出宇宙膨脹模型，和加速器已可應用到大霹靂與宇宙膨脹模型的解釋之實驗，以便說明「暴脹宇宙論」這種情況，這才使科學家對宇宙膨脹的故事有了共識。但是李春生卻早在這個理論剛開始在西方萌芽30年之前，就推論出因為萬有引力不存在，所以沒有引力的宇宙當然是膨脹的。

　　英國女王伊麗莎白的御醫吉爾伯特（William Gilbert 1540-1603）從事天然

磁石的自然實驗已有一段時間，他的研究方法不外乎磁石的外觀與他想像中的磁石的力量。他把磁石比喻做一個地球，並且想像磁石有合乎人性的功能，這就和老子的「自然」有相似之處。老子因為進出古代宮殿的防止刺客的磁石門而被磁石影響，而吉爾伯特因為研究磁石才有類似老子的認知，可能有其一定的關係。但是吉爾伯特的想像力引不起伽利略的興趣，等吉爾伯特出版了《De Magnete》一書後不久，一場肆虐倫敦的鼠疫在英國女王過世的同一年奪走了吉爾伯特的生命。目前的科學方法只能偵測有電線通電的電場，和雖然通電的電線不連續，但附近還有磁感應的所謂磁場。至於根本沒有電線也沒有通電的磁感應，目前不在科學的研究範圍內，但是在我國的象數還能找到她的痕跡。

　　1614年英人納皮爾[註6]（John Napier1550-1617）完成類似銀行複利的算法於研究上，以拉丁文命名這個算法為對數（logarithm），以自然對數的名稱發表出來，在這篇的英譯本附錄中首次出現了 2.718這個數字。這是在西方首次見到非畢達哥拉斯（Pythagoras 西元前572-492年）的數學，時間在吉爾伯特研究磁石之後，而伽利略研究鐘擺與自由落體之前。雖然納皮爾已發表自然對數，但可能伽利略胸中存有畢達哥拉斯仰望金字塔而衍生出平面數學的氣魄，不思了解納皮爾的商業數學（伽利略是位數學教授），就冒然擺脫吉爾伯特的磁石研究，從而冒著教皇的反對毅然從事本質實驗湊合以他的數學。當然以伽利略是第一個自製望遠鏡觀察天體的人，他應該有足夠的勇氣不顧一切這麼做，不管是不是值得及合理。無論如何儒家的禮教不是也在我國主導了歷史達1850年之久嗎？不管她是合理不合理。

　　但是根據1915年在英國愛丁堡開紀念納皮爾發現對數紀念會發行的紀念刊物上的記載，與會者羅馬皇家大學中文學院教授Giovanni Vacca報告說納皮爾發

明對數以前，於1494年的威尼斯《Summa de Arithmetica》雜誌就登載了Luca Pacioli發現了複利的計算公式=2，而不是納皮爾的自然對數值2.718（複利的公式）註7。

中國人大概在秦、漢間以筆算取代了以竹條或物體做籌算的記數方法。到了西元1366年，在陶宗儀所著的《南村輟耕錄》中，有關於使用算盤（又名珠算盤）的記載。書中有俗諺用的擂盤珠與算盤珠比較之語：「擂盤珠，⋯不撥自動，⋯算盤珠，⋯撥之則動」，可見得那時珠算已是一件比較常見的日常生活工具了，一直到最近這些年頭還有人背頌歌訣使用算盤來做完一則計算呢！所以1915年羅馬皇家大學中文教授提出距當時400多年前的問題，很可能是中國人日常生活使用的象數陰陽，解釋為數字2的。

其實老子在《道德經》27章已提到過那個時代使用的計算方式是籌算，原文如下：

善行無轍迹，善言無瑕讁，善數不用籌策。善閉無關楗而不可開，善結無繩約而不可解。是以聖人常善救人，故無棄人；常善救物，故無棄物。是謂襲明。故善人者不善人之師；不善人者善人之資。不貴其師，不愛其資，雖智大迷，是謂要妙。

譯文及解說：

「大一」洄漩流出的水磁，流到萬物之母到位，會使人走起路來就像車子輾過而沒有痕跡一樣。使人善於以適當的語言表示心中的話，而不會說錯。使人心算就可以了，不必用竹枝籌算；但是假使水磁不能超越「德」的門坎而到位的話，就像腐蝕而不可開的門是注定要關著的，也像編織沒有結節的繩子是解不開的。所以自然人因為水磁超越入「德」的門坎而到位，常常善於救人，所以沒有放棄救人而不救的；常常善於救物，所以沒有拋棄救物的。這就叫做襲明。所以

說善人是不適合做人家的師長的；不善的人善於圖謀人家的財物。但是也有不以為做人家的師長有什麼了不起，也不愛財物，這種人雖然表面糊裡糊塗，其實她懂得萬物之經的字與萬物之母的名的奧妙，也就能進入「德」的門坎而到位了。

《周易‧繫辭上》有這麼一段話：

「是故易有太極，是生兩儀，兩儀生四象，四象生八卦，八卦定吉凶，吉凶生大業。」

這是我國加一倍法非平面數學–又叫做象數的實例，其中兩儀就是陰陽，中華文化實際上以陰陽做四象即：西南東北或春夏秋冬，也可說是老陰、老陽、少陰、少陽，再擴而為八卦及64重卦。上述的這一段話符合2的n次方，n=1、2、3、4…之演繹（2的1次方=2，2的2次方=4，2的3次方=8，2的4次方=16，2的5次方=32，2的6次方=64），這種表示方法是以陰陽為2的象數演繹，和2為底數的對數計算不同（前者是象數演繹，後者是對數計算）。因此如果威尼斯的複利計算公式=2是由我國民間傳過去的話，那麼陰陽的兩儀應該可說是涵蓋今天的對數了。

可說數學在牛頓[註8]（Issac Newton 1643-1727）之前的伽利略還只是剛從對數翻身回到畢達哥拉斯的數學而已，伽利略之以數學來解釋他的本質實驗是出於他是位數學教授，談不上納皮爾的方法，更無法和我國北宋邵雍的加一倍法相比。

先師柯源卿是儒道家庭出身的學者，而他也教統計。伽利略實在沒有必要因為是數學教授，他做的本質實驗一定要加入數學，這也許是要表示他不怕教皇的權威。但後世的自然實驗也非得以數學馬首是瞻不可，對現代人來說實在是件不可思議的事。因此數學在伽利略的實驗並沒有什麼特殊的地方，所以吉爾伯特做

的實驗跟伽利略不一樣的地方是，前者是自然實驗而後者只是本質實驗湊合傳統的西方數學而已圖1-7。

在古希臘亞理士多德時代「science」是「知識」的意思，現代也有人說那個時代把憑經驗的調查叫做科學，這明顯看得出來現代西方人對「科學」這一語詞的矛盾，和原文是什麼沒有關係。science這個字來自老法文，其後的拉丁文寫做scientia。

野史傳說英國人培根（Francis Bacon 1561-1626）是英國女王伊麗莎白的兩位私生子中較年長的一位，是這位終生未婚的女王的孩子。

培根於15歲時得知自己的身份，推測他就經常有機會接觸吉爾伯特實驗室的磁石。女王過世後培根從法律工作者變成哲學家，他提出的「經驗論」指出從事調查的方法必須包括觀察、檢視、比較、分析和歸納，這些名詞在今天的科學報告很常見。培根的歸納法是承襲古希臘哲學家的思想來的，但無論如何他是近世

圖1-7　吉爾伯特在英國女王面前表演磁鐵能吸引鐵。

首先提倡使用這個方法於做學問上的人。

　　培根在科學史界和哲學界的評價很高，但也許是由於他自己的出生環境複雜，所以他的哲學一如現代西洋的哲學什麼都包括，就是少了道德風俗習慣和老子講的水磁，而這正是培根的「經驗論」和後世休謨的「經驗論」不同的地方。休謨鋪陳了慈善道德風俗習慣的正歸納法，使得法國哲學家孔德（Auguste Comte 1798-1857）提倡正哲學與休謨之後的德國哲學家康德（Immanuel Kant 1724-1804）打對台。換句話說培根沒有強調的地方是慈善道德風俗習慣休謨強調了，雖然英國國王已經從羅馬天主教分裂成英國國教，但是休謨不認為可以拋棄道德而談哲學。

　　法國人笛卡兒（René Descartes 1596-1650）發明解析幾何，但是正如前述，現代數學是畢達哥拉斯就金字塔的陰影演算出來的畢氏定理衍生出來的，所以也談不上自然實驗與否。

　　牛頓應該是憑支持伽利略對抗羅馬教皇的勇氣，也從事純憑推論的天體研究而發表萬有引力定律的，藉以表示他不同意神學。我們需要辨認自然實驗和後世赫胥黎鼓吹的科學有什麼分別，不必因為科學這個名詞長期被使用就一定要將自然實驗等同視之，何況是老子說的「自然」呢？從赫胥黎之前西方的哲學講座大多以本質哲學講座為名而不是科學講座，可以一窺科學一詞在那個時代原來是「知識」的意思，而科學講座只是知識講座的代名詞而已。

　　微積分發明的經過是德國哲學家萊布尼茲（Gottqried Wilhelm Leibniz 1646-1716）得知英國的牛頓有微積分的構想，或許他是從牛頓散發給同好的通信中知道這件事，就研究起建立這門學科。萊布尼茲創立微積分是在西元1673-1676年間，在1684年發表論文公諸於世。牛頓驚覺到這一發表，使得1665年做過這方面

研究的他於1687年也發表自己的研究。後世將倆人的成果合稱為微積分學，這是一門異乎常理的學科。

沒想到將近200年後達爾文和華萊士（Alfred Wallace 1823-1913）之間也發生過同樣問題，前者早年環球航行時做過的關於生物演化證據的自然觀察，被同樣在馬來群島做現場類似觀察的後者要求做論文發表前的審查。達爾文驚覺到已被自己忽略的早年的研究有被後起之秀搶了光彩的危險，於是發表了驚天動地的進化論，不顧當時英國教會的反對。

但是萊布尼茲後來於50歲時適逢戰亂，轉向研究起不同的民族來。他從未到過中國，但他從傳教士那裡得知中國的訊息。他於清康熙36年到38年間（1697-1699）研究中國，他把我國象數的陰陽觀念引進西洋成為二進位數學，導致現代的0,1二進位元利用來寫作電算機（電腦）程式，不再讓自己徬徨於微積分之謎了，這就好像大家沒聽說過華萊士論文發表後，曾在達爾文陣營裡扮演過任何角色一樣。

萊布尼茲認為漢字和其發音分離，不像西方的文字就是拼音，使得漢字本身就適合做哲學研究（出自龔鵬程的《華文的特色與價值》一文）。不像拼音文字還要再想一想才能有所謂的哲學出現，漢字的使用者您說對不對？那麼即然拼音文字萊布尼茲認為不適合做哲學研究，而哲學是科學之母，那麼今天所講的科學是不是有問題？漢字和古埃及文還有不一樣的地方是，漢字有更多理性的考慮，意義須取決於數、秩序與關係。漢字的創造有些是憑天上星星分佈的形象造出來的，但那只是造字的開始才需要這麼做，以後就不這麼做了，何況有些星次的名字是憑會意造的。所以古埃及的通俗的、感性的、隱喻的象形文字，與中國的哲學的、理性的文字應分開來看待圖1-8。

2000多年前老莊思想沒有傳承下來，只在民間發展，直到400年前英國培根於特殊時空下，有心無心地提出了現代作學問的方法，從而使西方世界逐漸擺脫中古世紀所加諸於人們身上的桎梏，從事本質實驗，接近而不同於老子的「自然」思想，西方文明才有突飛猛進的表現，雖然西方號稱他們是承接古希臘哲學家的思想的（事實上可說是古埃及的思想）。要到達爾文發表《物種起源》後的19世紀下半葉赫胥黎在歐洲提倡科學，老子的「自然」和近世的自然實驗才隨著西方國勢增強而被科學完全取代。

西方中世紀黑暗時代後，從回教徒佔領東羅馬首都君士坦丁堡起，到SN1604超新星爆發前的150 年文藝復興時期，接著英國培根因之於西元1604年改變以前作為匿名的王子以莎士比亞（William Shakespere 1564-1616）的名字寫作劇本的浪漫生涯，出版了他的第一本哲學著作「本質之解釋」（Valerius Terminus: of the interpretation of nature），這本書也成為西方第一本關於本質的哲學著作。

圖1-8 萊布尼茲（圖片來源：bobitrout@juno.com）。

如果追溯起今天的自然實驗是誰先開頭的？大家會以為是伽利略，不對，是曾和他一起在威尼斯高級社交圈來往10幾年的醫師同胞聖多里奧（Santorio Santario 1561-1636）。聖多里奧和本書所提到的英國人培根是同一年出生的。

德國人刻卜勒 (Johannes Kepler 1571-1630)於西元1604年報告SN1604超新星爆發後，發表了刻卜勒星球運動定律，這是關於行星軌道的定律，承襲自古以來西方天文業者描繪行星軌跡的成果而已，發表的只是他的看法。和自然實驗無關。但是培根在天上SN1604超新星爆發後改變成匿名出版做學問的書，以及探索各個領域，此後只是偶然用莎士比亞的名字寫些劇作，不再像從前肆無忌憚。

聖多里奧的自然實驗是這樣的：

聖多里奧以物理代謝秤進行自我測試，以實驗方式檢視古希臘醫生蓋侖關於身體在各種機能作用下會有水份流失、體重波動的現象，因此必然進行著不易察覺的發汗或看不見的呼吸的理論。這位著名學者在自己設計的大型天秤上度過了幾10年，秤上可以坐人，還備有書桌，無論伏案工作或休息、進餐前後、大小便、睡覺、體育活動、情緒激昂、性生活，以及在健康或生病的狀態下，都可以通過她來觀察體重的差異，並加以記錄成表格。

在進行無數艱難研究之後，聖多里奧得出結論：生物體透過不顯汗（不感蒸發insensible persperation）– 亦即察覺不到的發汗的science – 經由皮膚減輕了數磅。他也由此推斷，許多疾病因出汗太多或太少而產生，所以可以對症治療。

在1614年出版的《靜態醫學醫療術》《Ars de statica medicina》一書中，聖多里奧發表了他的自然實驗結果。

我國有位名人說：「實踐是檢驗真理的唯一標準」，因為唯有做自然實驗才能看出水磁洄漩流出「大一」，再從個人的萬物有靈流到鬼神，再超越進入

「德」的門坎而到位，反之沒進入「德」的門坎而變成餘食贅行、吃得太多腫脹不能走路，或者變成盜夸、強橫無禮，那就非我們所希望的了。總要做了自然實驗才能知道在世間為人處事的標準在哪裡，而這就是自然實驗不證自明的價值，科學無法達到知道真理在哪裡的水準。

註4 **大霹靂** 宇宙形成時最初發生的大爆炸。

註5 **CMB** 一種以人造衛星的微波儀器向宇宙偵測到涵蓋全宇宙的輻射。

註6 **納皮爾** 英國蘇格蘭學者，在他的討論類似銀行複利的著作中，以拉丁文命名為 logarithm 發表，在英譯本附錄中 Euler 發現了 2.718 這個數字。Euler 自己就定義這個數字為 e，並且以 1+1/1!+1/2!+1/3!+..的公式算出 e=2.718281828459045235360 2874...。

註7 **複利的公式** $(1+r/100)^{乙}=2$ 說明如下：借款每年利息以6％計算，每月結算一次，要多少個月才能還到本金的2倍？Luca Pacioli 的公式 r=6，乙=還款月數，在本公式中 r=6，乙=72，n=2 亦即本金的2倍。提這個問題的教授說，以神秘的數字72來講，頗近於這個公式的要求。但是筆者認為他要提的問題是複利公式=2，而不是納皮爾的自然對數=2.718，為什麼？但是解釋這篇文章的人，不該以對數演算來回答提問題的人，所以對數除了西洋數學運用外，其實和陰陽沒有關係。

註8 **牛頓** 提出萬有引力定律和物體直線運動三定律，英國人。

卷二.
地球上的西洋與
我國之差異

地球上的西洋與我國之差異 _____

一. 西方古代的歷史地理變遷

　　地中海東部在傳說的5000年前大洪水之前，有一大片叫做亞特蘭提斯(Atlantis)的陸地被洪水淹沒了。5000年前開始一群有著深色皮膚的古埃及人，在今天的地中海濱尼羅河三角洲，一個古代叫做Sais的地方建立了古埃及老王國，它的領導人通稱為法老(pharoah)，是為古埃及文明的開始。同樣地約在6500年前我國的黃帝也打敗過蚩尤，在我國西北方統一天下。由此看來5000年前發生的大洪水，同樣也淹沒我國低窪的地方，那時可能是顓頊時代。

　　今天的非洲北部尼羅河以西一大片土地，佈滿了沙漠，尼羅河以東沿著紅海走的狹長東部沙漠，具有高達1,900公尺的山脈，貫穿今天的尼羅河三角洲入海，尼羅河是位於非洲撒哈拉沙漠的東端，是長達2,000多公里的大河，從南方高地湖泊幾乎成南北縱向筆直流向地中海，形成在今天尼羅河的出口處面積廣達幾百平方公里的三角洲。沿著尼羅河下游兩岸約幾十公里寬是尼羅河氾濫地區，是埃及人農耕畜牧的地方。說不定西部的沙漠及較南的撒哈拉沙漠和東部的狹長沙漠原本是一塊大沙漠，後來才有尼羅河自南部高地的湖泊流進北部沙漠裡，在今天的尼羅河三角洲的地方，碰到來自東部貫穿這個區域到地中海的東部山脈，經歷長時間的水滴石穿，終於衝破眼前的大山。就像我國黃河中、下游的氾濫把原來的山地沖積成平地災區一樣，只不過靠海的尼羅河三角洲沖積地，終於變成了富庶的平地而入海。

　　古埃及人約在5000年前在靠近地中海的地方建立了國家後，要和相同膚色的族人聯絡，由於當時海水入浸而尼羅河尚未成形，靠的是走東部狹長的沙漠，因為該處地勢比較高海水淹不到。

　　從已知的老王國起（西元前2686-2181年，在我國屬大禹時代以前），法老開

始在沙漠建造宏偉的金字塔,到中王國結束時(西元前1786年,屬夏代末期)建造最後一座金字塔止,金字塔的建造經歷了1000年的歷史。到中王國將要結束時,這時的法老把原先搬到上埃及的首都搬回下埃及的孟斐斯。在這個時期前後原來深色皮膚的法老家族,開始逐漸有較淺色皮膚的周邊民族融入,如後來稱為Hyksos的種族。

　　直到西元前722年左右,來自中東的皮膚較淡的亞述人佔領了古埃及,但是他們佔領後將古埃及委託給古埃及本土的王子管理。等到亞述人離去後,這位王子就自己稱為法老。但是西元前606年同亞述人一樣皮膚較淡的後巴比倫國王,擊敗亞述人而統治古埃及。古希臘第一位哲學家泰勒斯(Thales 約西元前624-547年)大概是新政權建立後,放寬對膚色較淡的古希臘人移民的限制,而來到古埃及工作和學習的。

　　將近80年後古希臘先哲蘇格拉底(西元前469-399年)和柏拉圖(西元前428-347年)先後到古埃及向僧侶學習,前者學15年,後者11年。亞理士多德(西元前384-322年)早年也到古埃及向僧侶學習10多年,到了西元前332年,亞理士多德甚至於隨著亞歷山大大帝的軍隊入侵古埃及,於是古埃及改由膚色較淡的古希臘人統治。2000多年後拿破崙入侵埃及,也帶了一大批學者隨軍考察,從而造成西方對埃及狂熱,進而促使該國的商博良破解古埃及象形文字之謎。到西元前305年亞歷山大大帝的將軍托勒密開始統治古埃及,一直到200多年後古埃及最後一位女王克麗奧佩特拉(俗稱埃及豔后),為了先後嫁給羅馬的凱撒大帝,以及後來與屋大維聯合統治羅馬帝國的安東尼,當屋大維佔領古埃及後她被迫自殺,從而結束了古埃及

王朝，西元前30年古希臘的古埃及歸皮膚更白的羅馬帝國統治。

法國人商博良（Jean-François Champollion 1790-1832）的破解埃及象形文字，使我們得以知道古埃及的歷史，而這是全世界已知最早有文字的歷史之一。埃及的象形文字造型優美，以高貴華麗的裝飾伴隨著將屍體防腐保存的木乃伊和她的宮殿淹沒在沙堆中，而被拿破崙的遠征軍發現，可見得那時的書吏和匠人已臻於高水準的工藝手法。也許迫於大洪水後須要建立精英統治，開始時法老把他的子民塑造成識字階級及不識字階級兩種來管理。逐漸演變成前者帶領後者朝著貴族死後必須有比活著的時候有更好的物質享受之文化演進，或許想到不被洪水飄走且能永存的辦法是建造巨大的金字塔，役使大批的人力去作工事乃是不可避免之事，在沒有外來民族的人力供役使下，只好讓不識象形文字的階級去做奴隸。象形文字演變成熟及崇拜，與龐大的金字塔群連續建造1000年，可能與此有關。

從兩河流域，也就是幼發拉底河與底格里斯河流域，在今伊拉克地區發掘出楔形文字的考古物件，雖然也有同樣久或者更早的歷史，但是這種文字造型古樸，與古埃及象形文字之豪華不能相比，由此更加能證實古埃及象形文字是以裝飾用為目的，而楔形文字與我國的文字是以實用為目的，但古埃及象形文字是拼音文字的雛型與楔形文字是拼音文字，而甲骨文是非拼音文字。

古希臘的哲學成就，自從西方現代化後數百年的今天是有目共睹的，但是否評價過高則是問題。古埃及的地理位置和古希臘同樣位於東地中海，而且古希臘可能到了柏拉圖才完成可用的書寫文字之建立，晚了古埃及1000年 (我國的甲骨文也於晚商同時在殷墟被發現，我國與古埃及發展的關係不可謂不密切。)，兩地發展的關係可謂密切。亞理士多德說：「數學是從埃及來的」及「埃及人是最古老的民族」，不知道兩者的臍帶關係是否真能否認得掉？

二. 我國古代的歷史地理變遷

《山海經·北山經》精衛填海的故事，原文寫於下段：

又北二百里，曰發鳩之山，其上多柘木。有鳥焉，其狀如鳥，文首、白喙、赤足，名曰精衛，其鳴自詨。是炎帝之少女，名曰女娃。女娃遊于東海，溺而不返，故為精衛，常銜西山之木石，以堙于東海。漳水出焉，東流注于河。

譯文及解說：

再向北二百里，有個山叫做發鳩山，上面有許多柘木，有一種鳥樣子像烏鴉， 白色的鳥喙，赤裸著腳，名字叫做精衛，叫聲像是在叫人。這種鳥是炎帝的小女孩變成的，名字叫做女娃。女娃在東海游泳的時候，不幸溺斃回不了家，所以人家就叫她做精衛，常常口裡咬著西山的木石，飛到東海丟下去，企圖堵塞住東海。漳水也流出來，向東注入大河。

從精衛填海的故事中，我們不禁要問東海在哪裡？西山又是個什麼山？要回答這個問題前，我們必須要注意《山海經·北山經》所記載的可能是還沒有用文字做溝通工具以前的事，東海和西山指的不是大家耳目能詳的東海和西山，而是別有所指。

記載精衛填海的故事的這一章寫道：「北次三經之首，曰太行之山」，於是我們有西山就是太行山的觀念。太行山是在我國西北地區呈南北走向的山脈，其南麓自古以來就是經由黃土高原通往山東半島及鄰近的河南高地的要道（當時應有高地不像現在大都是水流沖積後的低地）。在太行山南麓考古挖掘出許多古代遺物，可見得這個地區古人活動頻繁，後世出名的洛水、伊水（今洛陽地區）就是在這個地帶。那麼東海又是個什麼海呢？

北宋的沈括（1031-1095）在《夢溪筆談·卷二十四·雜志一》寫道：

「予奉使河北，邊太行而北，山崖之間，往往銜螺蚌殼及石子如鳥卵者，橫亙石壁如帶。此乃昔之海濱，今東距海已近千里。所謂大陸者，皆濁泥所湮耳」。

譯文及解說：

我奉命出使河北，沿著太行山（南麓）向北方走，山崖之間常常看到蚌殼及石子銜接在一起像鳥蛋一樣，成大片帶狀附著在石壁上。這個地方古代是海濱，現在從這裡向東距離海濱已有千里之遙。所謂的大陸，我看都是混濁的泥土所淹埋的。

沈括約900多年前代表北宋出使北方和遼國談判，每次都要經過太行山南麓。

從沈括的觀察，我們有理由相信《山海經‧北山經》所指的東海海濱，就是沈括所看到的在石壁上成帶狀分佈、又像鳥蛋的蚌殼及石子化石所在的地方。

進一步的證據證明東海就是在太行山南麓所看到的大海，來自這個大海可在先天八卦圖找到痕跡，這個圖的西北方叫做「澤」，應該是很大片的水的意思。

但是黃土高原的太行山南麓向東，今天則有寬約100公里的黃河氾濫區。從歷史地理考察得知有如下包括天然的及人為的黃河氾濫記錄：

戰國故道

西漢故道

東漢故道

宋河北派

宋河東派

明萬曆至清咸豐故河道

1855年銅瓦廂決口以后的黃泛區範圍

1938年花園口決口以后的黃泛區範圍

黃帝與蚩尤的逐鹿之戰應該是在冰天雪地之下進行的，黃帝到泰山封禪也是全在陸地上進行，那時全球應該還處於冰河時期。到了5千多年前還是冰河時期的末期，地球上的積冰延伸至今天的海平面下數十公尺深，這點可從今天台灣島花蓮外海百來公里處的與阿國島附近，淺水海底的人造梯階，證明當時先民能走下冰河到此處。在台灣海峽澎湖縣的虎井島海底沉城，發現北方有標記的正南北走向及東西走向的城牆，這應該是個有用到指南車或指南針定中軸線方位的城市遺址，時代在6500-5000年前之間。埃及尼羅河三角洲西半部一個叫做Sais的地方，是古埃及最早建立神廟的地方，古希臘的執政官Solon在古埃及本土的最後一位法老AhmoseII在位時到訪，他跟從兩位最有名的僧侶學習，他聽到有一位僧侶提到，在大洪水入浸前，這裡有一個後來叫做亞特蘭提斯的陸地。Solon回到古希臘後把這件事輾轉相傳，傳到2400年前的柏拉圖，才寫成書記載下來（可能古希臘到柏拉圖(Plato)時才有文字可用，蘇格拉底(Socrates)時尚未形成希臘文字，只憑說話溝通，赫拉克里特斯(Heraclitus)和荷馬(Homer)作的史詩，只是當時有人背頌流傳下來，到了柏拉圖以後才被書寫）。如果依照對虎井島海底沉城的理解，則亞特蘭提斯應該是在冰河時期的今地中海海岸外海底，當時的海面已降低至亞特蘭提斯冰凍陸地之下。

到了5000年前之後和古埃及古王國同一個時期的顓頊帝時代，沈括所猜想的巨澤已在太行山南麓之東南方形成，這時因為東南方海水入浸的關係還沒有黃河中、下游的痕跡。我國北方當時除了今渤海向內陸延伸之外，顓頊帝須走過北方還沒有被海水淹沒的陸地，才能從山東地區到達黃土高原。大禹治水之前的帝

嚳、帝摯、堯、舜似乎也是走北方的乾地來往山東地區和黃土高原。只有在大禹治水之後，黃河中、下游才開始形成，戰國以後黃河因為氾濫成災，而流向山東半島兩側。

沈括從北宋的汴京（開封）出使北方的遼國首府大都（今北京），走的不是一條近於直線的路，而是向西北方彎向太行山南麓，再向東北方的大都去，其原因可能是要避開黃河氾濫區。

《山海經》裡描寫的東南方可能是在大禹治水以前，那時還沒有黃河氾濫的問題。我國西方的地勢原本就比東方高，那麼《山海經》裡描寫的東南方的這個巨澤是個怎麼樣的情形呢？

那時從我國西北方到達東方的山東半島地區，再向西南方探險的人，當時所能用的交通工具就是小舟，所以在《山海經・東山經》裡我們注意到「東次二經」的連續兩段話：「又南水行五百里，流沙三百里，至于葛山之尾」和「又南三百八十里，曰葛山之首，無草木。澧水出焉，東流注于余澤」，這是說從東方的山東地區搭小舟出發，遇到「葛山」。若照字面上解釋是「葛山」的首尾連接了上述兩個地方，但是第一段話的「又南水行五百里，流沙三百里」這兩句話，以今天的口語來表示說不定是：「這段旅程搭小舟坐得上吐下瀉頭昏腦脹，又下來走了很遠的沙灘路」，所以感覺上好像完成了「葛山之旅」的行程，最後到達澧水，「澧水向東注入余澤」。余澤可能是今天的洞庭湖。至於「澧水向東注入余澤」這一句，可能是因為走得頭昏腦脹，所以走回頭路看到澧水向東注入洞庭湖。

這樣一來我們就能對東南方的巨澤有一個概念，這是海水形成的內海，她的開口在東南方。那麼這個巨澤存在是什麼時候的事？先天八卦圖西北方的「兌」

也就是「澤」字的意思，應該就是表示這個巨澤。

冰河末期海面在今海岸線以下至少十來公尺時，亞特蘭提斯大片陸地還露出海面。地球的南北極積冰溶化是會造成全球的陸地海水入浸的，5,000年前的古埃及就有過這種現象。海水入浸後承接冰河時期倖存的人，在埃及建立了古埃及這個國家，所以那時的法老要統治上埃及的人民，必須走地勢比較高的東部山脈。至於尼羅河下游當時可能是一片鹹水湖泊，埃及西部的沙漠可能大部份沉在海裡。到了南北極積冰重新堆積，海水於是逐漸退去。

古埃及在泰勒斯之前膚色較淺的亞述人佔領古埃及不久以前，一位可能是膚色深沉的法老的弟兄出征尼羅河三角洲地區，他將在廟宇找到的一堆紙莎草紙記載先王的文獻刻在石碑上，這塊石碑的拓印本叫做孟斐斯神學。

就像老子編《道德經》時語彙稀少，泰勒斯在古埃及時甚至於沒有自己的文字能夠把自己的思想記載下來，所以寫在紙莎草紙上的古埃及創世記神話，用語言寫起來只能夠猜想其意，而這就是神話如《山海經》者，如果不下工夫研讀的話，是難以了解其意的，但是千萬不可忽視其內涵。

我國因為位於東北亞洲，南部有高峻的喜馬拉雅山天然屏障，西部有一系列的自西南向東北橫亙的高山峻領隔絕歐亞大陸的其他部份以及非洲，東部因為距海很近坡度很陡，地形上相當崎曲。雖然和古埃及同樣是古老的國家，歷史的發展和古埃及在沙漠邊緣發展大不相同。

從部落進展到建立國家，古埃及發生在開始建造今天還看得到的金字塔時代，而在歷史悠久的我國，筆者認為從部落進展到建立國家的同一個時代，應該是發生於顓頊帝時代，也就是西元前3000年以後的事。因為史書上記載顓頊帝開始把「重任南正之言」（重氏族掌管祭祀天神），「黎任北正之言」（黎氏族掌

管民事），這樣看來顓頊帝已經把他的官員分配工作了，這是形成國家的首要條件。

　　我國在春秋時代列國開始建造防禦北方游牧民族入侵的長城，無獨有偶古羅馬帝國也在歐洲大陸建造幾千公里防禦北方民族入侵的長城，看來就地球上的人類邁向文明社會以建造長城來說，都是一致的，顓頊帝與古埃及同一時期建立國家就是基於這種假設。但是歐洲的長城工程沒有延續下來，唯有古代的我國把這一軍事工程的修建到現在還傳承下來。長城的建造到了2200年前的秦始皇，為了結束春秋戰國的亂局統一中國而產生的不安全感，不惜勞民傷財建造萬里長城，使得後世的我們能知道他跟古埃及的法老建造金字塔的理由沒有兩樣，只不過是五十步笑百步罷了。

　　為什麼歐亞大陸兩端的長城會有不同的結局？筆者認為亞洲東部地形封閉，所以能維持住在這裡族群的特殊性。東北亞洲以外的歐亞大陸乃至於埃及，地形平坦面積廣闊，人來人往，累積下來的族群就沒有東亞的特殊性了。

　　雖然以我國顓頊帝的建國和古埃及古王國的誕生，這樣的東西方發生的類似事件作為史前年代考據的根據，似乎是不得已的做法，但是比較有史以來泰勒斯少年時在家鄉玩磁石的經驗，只比老子走過宮殿中防範刺客的磁石門而受影響，不過早了數十年而已，像這樣的比較，可說是根據人類的發展進程而作，應該是不得已的辦法。

　　我國先民因為住在黃土高原，土質堅硬地形破碎，不容易建造大型的建物如金字塔者，所以不像古埃及的法老建造宏偉的金字塔群達1000年。中美洲的瑪雅文明也建造金字塔，但是建造在叢林裡，使得因為土質鬆軟，塔形也建得不夠巨大，石塊之間以有機糊料膠和，不像古埃及金字塔靠笨重的巨大石塊堆積而成。

即然興建萬里長城要勞民傷財，那麼古埃及的法老驅使子民興建宏偉的金字塔群，除了讓不識字的人繼續愚昧地勞動了1000年外，豈不是也得像秦始皇一樣使用武力？

到了西元前2200年左右，東海應該還是離太行山不遠，因為大禹在黃河河套地區壺口開鑿山口把大水排出，水災因此得以疏浚。那時古埃及還沒有停建金字塔，法老也還是膚色深沉的那批人。而在我國當時除了統治者熱心於公眾事業而留名外，並沒有須要建立金字塔讓後人看到才能留名於後世的需求。雖然那時統治階級可能只是一小撮人而已，他們還不至於要把人民分成利益絕對互相衝突的兩種，這是我國古代比古埃及進步的地方，可能古埃及的滅亡和這個原因有很大的關係。

等到古埃及停止建造金字塔時，我國進入了商朝。這時候應該還是停留在老子所嚮往的母系氏族群體時代，這時也沒有大水災需要控制，熱心公益的事件也似乎不多。

根據宋文薰和吳建民在位於台灣島西南部的嘉南平原所做的研究報告，知道後來形成的嘉南平原是台南海浸期5000年前開始進入台南海退期時形成的，而這一個海退期留下了平均50公尺厚的黃色至棕色的粘土沉泥的台南層。接著另一次海浸的太湖海浸期為時較短，旋即進入太湖海退期。自太湖海退期後較幼的地層逐一形成，而海岸線亦逐漸向台灣海峽延伸，以至於現代的向台灣海峽造陸運動仍然繼續進行。台灣島的東部面對深而且廣大的太平洋，海岸多為礁岩構成，沙岸是碎石粒構成，不像西海岸的細砂組成。宋文薰對位於台灣島東部中段海岸的台東縣八仙洞考古，該等山洞今天就在海岸旁邊離海面約40-100公尺的山洞裡，他在洞內發現距今5000多年的卑南層。他又在卑南層的下面發現更新世的新石器

器物，這些發現的年代，都經過碳十四鑑定的，卑南層應該就是5000年前浮於水面上的陸地先民居住的地方。

由以上考古結果做推測，是否我國西北方的古代巨澤5000年前水面應該到達今天黃河的上游階段，而1000年前沈括所看到的太行山「**今東距海已近千里。所謂大陸者，皆濁泥所湮耳**」是一層類似50公尺厚的臺南層一樣的沉積層，而在太平洋濱留下了今天看到的先民居住的山洞？

到了老子的東周有儒家的倔起，從東漢以後以儒教滯塞老子的「自然」思想達1850年，致使我國近代落後於西洋先進國家以及東鄰日本。

近來美國波士頓大學遙感測量中心在一位前宇航員的領導下，發起一個在今埃及南方的蘇丹西北領土的乾旱沙漠掘1000個井的國際計畫，因為這位宇航員發現在該地區有一個史前就存在的地面下數百公尺的大型湖泊，而且據說連湖泊的岸邊都可測量出來。但筆者認為那是冰河時期所遺留的湖泊，但年代不詳。美國人之會有這個想法，筆者認為是1970年代我國一位地質學家訪問美國時，被問到從人造衛星上拍攝我國西北方的羅布泊（Lop Nor）看到的大耳朵是什麼？該學者回國後考察結果回信說這個大耳朵是海拔700公尺的地形。現在的羅布泊從人造衛星上看僅存少量的水樣物質，是不是那位美國的宇航員看到的遙測圖也是類似以前羅布泊的大面積的水樣物質在沙漠下，所以就發起國際沙漠掘井計劃？假使這個計劃能挽救沙漠的乾旱，那麼樓蘭遺址的挖掘應該也可照樣葫蘆才是。

一萬年前開始的台南海浸期可以幫助了解西元3000年以前的海水大入浸是怎麼回事？大約是軒轅黃帝、炎帝、蚩尤在我國北方爭霸的時期那時還沒有古埃及王國形成，今天的普天下到處都是水，古埃及只剩下紅海西邊的島嶼可以與南方的蘇丹島嶼以及衣索比亞大島來往，今天的尼羅河可能不存在。

三. 人類的書寫語言之不同

大約在5000年前古埃及在地中海海濱形成王國，而根據有記錄的歷史除了我國外，人類的文明曾在兩河流域及古埃及繁衍至今，古埃及的文明這件事是1798年法國拿破崙還是將軍時東征埃及才在歐洲傳播開來的。拿破崙可能聽說過埃及出現過古文物才促使他實現征服埃及成為法國殖民地的野心，要不然他怎麼會帶剛成立的法蘭西學院幾乎3分之2的學者一起去打戰？就因為這些歐洲學者走遍尼羅河上下游堪察古蹟，才有歐洲人日後的埃及狂熱。商博良研究埃及古文字，破解了埃及象形文字之謎，從而解開了文字的秘密。

中國的正體字（或稱繁體字）應該是從星象的象形以及會意演化而來的，想來人類的想法混沌時期大家都一樣，只是後來人口增加了不得不發明文字以方便溝通，從而公認的文字因為要代表的意思愈來愈多，因此書寫的方法在我國但求每個字代表一個意思，不像古埃及的象形文字不是各個獨立的，而只是像畫圖一樣組合起來代表一組意思，但是每個組合成份比較像物形或抽象的觀念。不管是古埃及把組合成份放入象形文字圖裡，或是我國的甲骨文組合成份本身就是會意、象形、指事或形聲，兩者到近代都演變成拼音文字或非拼音文字。

至於甲骨文的演化成籀文、金文、大篆、小篆、隸書與楷書，經由會意、象形、指事、形聲、轉注及假借之演化，則是一種非拼音的演化。以出土的《大一生水》竹簡來講，那是根據地方上的方言以篆書寫下來的。從字樣辨認上來講，還可以辨認出類似象形文字，而不像前述埃及象形文字之演化成拼音文字。

拼音字是根據聽到的發音來辨別所代表的意思，歷經長久的年代仍維持類似的聽覺感受直到現代。非拼音的象形演化者如中文，因為要發出這組字詞的發音，而在這個發音上無法也沒有這個必要以文字紀錄下來，例如老子的「自然」發音做（阻zen），但是隨著時代變遷，「自然」這組字詞的發音也跟著在變，

一直演變到今天普通話讀成（自然）。其實這組發音之於大多數人代表的意思，可能已不是原來的「自然」了，所幸閩南方言是從老子的時代傳下來的，方言裡的（阻zen）仍代表老子的「自然」。埃及的拼音系統象形文字演變無法有一個相對的文字演變，完全隨發音而變，也許這是西方歷史使然。因為在一個民族來往頻繁的地區，住在這裡的人群，以聲音傳播語言總比用文字來得方便。而我國位於東北亞洲一隅，過去與西方民族往來的現象不多，因此寫起字詞來要比用講的方便得多，這個現象也發生在古埃及的象形文字時代，因為他們的統治者要用識字與不識字來區分他的子民，所以他們的象形文字朝裝飾的目的發展，朝拼音發展文字是因為應用時方便，所以造成2500年後古希臘移民要學習時發生困難，不得不向僧侶學習，這也許是古埃及和古希臘發生文化斷層的原因。我國的甲骨文一開始就朝實用的目的發展。

四. 我國發現甲骨文的經過

我國的天文學家席澤宗被國外要求提供我國古代出現超新星的記錄以供研究，其原因是自從1920年代荷蘭漢學家提供我國的古代文獻證明，蟹狀星雲就是北宋的天關客星爆發引起的。席澤宗應西方科學家的要求，遍察歷代我國及日本的天文文獻，編列成《古新星新表》於1955年發表，在這張表中最早是刻在龜甲上的兩段殷墟甲骨文字即；「**七日己巳夕有新大星并火**」與「**辛未酉夋新星**」。

商博良因為破解了古埃及象形文字，才能導至古埃及的歷史為世人知曉，自從清朝末年（1899年）嗜好古董且對書籍字畫及三代以來之青銅、印章、貨幣、殘石、片瓦都愛針藏秘玩的清朝官員王懿榮，因為生了病就叫家人到北京的藥房抓中藥，不料抓回的中藥裡有一味龍骨，王懿榮拿近眼前一看發現龜殼上刻有圖案，這下子引起精通籀文、金文（刻在青銅器上的文字圖樣）的他追尋這種圖文的興趣。王懿榮跟本不必破解，他只消依照金文、籀文發展的源頭追尋下去就是了，所以說我國的甲骨文本身就含哲理，不像西洋的符號文字還須要有哲學來加以引導。

王懿榮找來了龍骨的販賣商人，後者為他帶來了更多帶有文字的骨片。著有《老殘遊記》的劉鶚也是清末官員，與王懿榮是好友，他在後者死後接下他的收藏，並積極追尋甲骨的真正出處，但不得要領。劉鶚的家庭教師羅振玉敦促劉鶚出版甲骨文的墨拓，從此世人才知道有甲骨文這回事。

羅振玉略施小計從不肯說出龍骨出處的商人那裡探知，河南安陽這個古代殷商的廢墟是龍骨的出處。他親自踏蹋安陽並且蒐購了更多的龍骨。

也許是1920年代風雲際會發生在我國，羅振玉的弟子王國維考訂商代先公先王的名號後大致確認，並在整體上建立了殷商的歷史體系。他主張的「利用考古學上的新材料與舊文獻上的記載進行比較研究，相互驗證，即用所謂的地下文物

和文獻相互印證的二重證據法」，帶來了我國新的研究古代的途徑。

　　無獨有偶，自從1830年法國史學史研究的創始人彼爾特（Jacques Boucher de Perthes 1788-1868）發展田野考古後，田野考古已隨著西方人的腳步踏遍全世界，我國也不例外。瑞典人安特生（Johan Gunnar Anderson 1874-1960）於1914年受北洋政府聘任來我國調查礦藏資料，他在華期間的田野調查喚醒了國人的意識，也紛紛做起田野考古來。但是羅振玉的田野調查和王國維的甲骨文考證雖然和安特生來華的時間上相當，但二者都是獨立進行的。可見得一項新事物出現在同一個地方能引起彼此競爭，而不是只有一名優勝者。今天互聯網的普及使得獲得新知對有心人而言，只是彈指之間的事。安特生於1921年發現我國的仰韶文化史前遺跡。

　　甲骨文發現後經過了約60年，才有席澤宗的因超新星爆發須要從甲骨文中尋找證據的需求，說不定這種需求不光只是達到破解古代的歷史之謎而已，反而我們可以用古代失而復得的器物尋求新知識，如此豈不是完成了王國維的「二重證據法」外加追得新知的境界嗎？因此筆者認為有必要介紹我國發現甲骨文的經過。

　　30年來互聯網的普及使得像王國維及安特生的風雲際會變成彈指之間的事，所以我們須善加利用，達成促進人類進步的目的。

五. 東西方的文化傳承

　　老子的《道德經》多處說到「　而貴食母」，這是表示老子嚮往母系氏族群體的情結，但是比老子更早約2500年的古埃及卻可從法老的性別推論出重男輕女的文化。古埃及人的居住地在幾乎與今天中東地區僅靠一陸橋（今天的蘇伊士運河）連接的東北非洲，其西面沙漠與南面的撒哈拉沙漠，造成除了尼羅河氾濫區幾乎與世隔絕，氣候乾燥炎熱，使得人死後製成乾燥的木乃伊可保持長久不壞。外地人的侵略在早期是絕無僅有，使得社會分成兩個階級　一個是書吏、貴族、法老組成的識字階級，一個是不識字的平民階級。法老的皇后照例是從自己的姐妹之中選取，這個慣例沿用到希臘亞歷山大大帝率軍侵略古埃及，和他過世後留下的將軍在埃及建立膚色淺淡的托勒密王朝，還一直保留著重男輕女的文化。因此老子講的我國早期「而貴食母」的社會與古埃及的傳統不同，或許是因為兩者地理環境不同有以致之，古埃及王國封閉而且氣候乾燥炎熱，我國的河洛地區先民是從沙漠邊緣遷移而來，氣候乾燥寒冷，而且有外來民族入侵，這是兩者不同的地方。在我國塔里木盆地沙漠裡的樓蘭遺址附近，發現具有3800年歷史的乾燥木乃伊，也許這個地區早期也像古埃及一樣有過自己的文明，只不過沒有像埃及濱臨地中海和紅海的地理位置，所以至今這個文明淹沒於沙漠中，沒有進一步挖掘考據，實在無法知道她的歷史。

　　商博良是家境窮困的天才兒童，15歲時受到拿破崙遠征埃及才隔7年的教阿拉伯語教師的鼓勵，下定決心終身要研究古埃及語，在大他12歲的哥哥的支持下，商博良18歲就當起窮教授。

　　熬過薄弱的身子和艱苦的歲月，終於在他32歲時破解了古埃及象形文字之謎，從此受到社會的重視。在他38歲時以不堪折磨的身體，率領考察隊到埃及做1年又4個月的實地考察。

　　自從刻有古埃及象形文字、僧侶體及古希臘文的羅塞塔石碑在埃及被發現後，這3段銘文隨即拓印給歐洲各界研究。經過了23年在全歐洲的劇烈競爭之下，商博良終於在1822年破解了象形文字。他破解的過程可能是英國有位古物愛好者，也對古埃及象形文字有興趣，他從埃及進口了一塊有古埃及象形文字的石碑，因為看不懂，就拓印後送到歐洲各個研究象形文字學者手裡進一步研究。商博良可能輾轉收到了這個拓印本後，他早已懷疑埃及女王克麗奧佩特拉在象形文字的框框裡的名字，現在他看到這個象形文字框框裡除了有埃及女王克麗奧佩特拉的名字外，還有羅馬凱撒大帝的象形文字名字在同一塊拓印本上，從而解開了他久埋心中關於象形文字的謎團。當時歐洲也有許多學者熱衷於破解象形文字，但是都功虧一簣，其原因就是缺少了這一把破解的鑰匙。

　　根據現代著作的《羅塞塔石碑的秘密》的作者提到，在著名的金字塔和人面獅身像的地方，走過這個遺址的遊客常會有一個幻覺，即腳步越逼近那3座金字塔，就越不覺得她們雄偉。商博良在他的日記中寫道：「每個人都會和我一樣赫然發現，隨著腳步逐漸逼近這龐大的史蹟，竟會愈來愈不覺她的龐然。在50步之遙時，見到這座光是測量其寬高，就足以讓人體會到其巨大的建築體，我覺得自己很渺小，心中無比震懾。走到更近，她似乎小了下來，構築其身軀的石塊，好像只是些細小的碎石粒，這時絕對要親手去觸摸，才能體會眼前這史蹟的材料之巨大身形之壯觀，到了10步之遙時幻覺再襲上心頭，這巨大金字塔變得好像不過是尋常的建築，接近她之後，心中真的反覺悵然」。筆者認為這個現象不是磁的直接效應，因為若根據嘉明湖的經驗，磁的效應用眼睛看，在白天應發生在視線不明的時候，但是不用眼睛看時，只要「視」的能力沒有失去和有沒有光線並無關係。而且磁的來源是過渡元素的鐵、鈷、鎳以及海水中的稀土金屬，但在陽光

燦爛的埃及沙漠，沒有理由猜測這些物質遍佈於埃及沙漠，但在靠海的尼羅河三角洲可能例外，所以商博良在白天看到的金字塔異象，可能和磁沒有關係。

商博良在埃及考察回來後不久，於1831年的冬天突然中風，由於面容變形以及肢體殘障，因此不再會客。病情拖到1832年的3月死亡，他死時才42歲。

古埃及自古以來採取識字階級和不識字階級的封閉式統治方式至少2000多年，直到泰勒斯移民古埃及前不久才徹底被外人統治（或者說是膚色不再是深色的人），因此在這2000多年以前的文化和我國比較起來別樹一格。但是文化必定是有傳承的，古希臘先哲們相繼到古埃及的寺廟向僧侶學習10多年，就是為了快要消失的文化能夠改造使得後人能生活得更好。直到古埃及在古希臘的托羅密王朝第二代統治者警覺到他們繼承的文化有其重要性，於是傳說有40,000到700,000紙莎草紙捲圖書的古亞歷山大圖書館建立了起來。

但是可能是羅馬的執政凱撒為了攻打他的政敵龐培，不惜引火焚燬亞歷山大城連帶波及古亞歷山大圖書館而付之一炬。然而凱撒的後繼者安東尼傳說送給他的情婦克麗奧佩特拉200,000紙莎草紙捲圖書一事，因此有人不認為古亞歷山大圖書館燬於凱撒之手。

到了天主教漸漸被羅馬帝國接受時，由於天主教的排除其他信仰的傳統，西元391年埃及的行政長官向教皇請求破壞古埃及的文物得到批准。到了奧古斯都時代天主教成為歐洲的唯一的宗教，古亞歷山大圖書館就此從歷史上消失可能與此有關。

也有人認為西元640年回教統治從西班牙到印度的廣大地區包括埃及，可能是古亞歷山大圖書館消失的原因，但是持此說法的人不多。

有一個事實是不能否認的那就是；近代西方文明一直否認他們和古埃及的

關係，即使是亞理士多德也只承認數學和古埃及有關。但是埃及特殊的環境及單純的地理條件；氣候乾燥；只有尼羅河兩岸的氾濫地區留下來的淤泥可供耕種放牧；孕育了古埃及文明。連膚色較淡的後人、亞歷山大大帝都想要到埃及建立他的帝國首都，遑論她的特殊歷史地理環境。所以古亞歷山大圖書館的被燬導致了1400年後商博良的解讀出古埃及象形文字，這才使我們能一窺這種文明的究竟。在西方古亞歷山大圖書館及商博良就擔任了這種文明傳承的角色。所以近代西方的高等教育，以古亞歷山大圖書館的模式對大眾展開，而成為學院大學、研究院的規模。

　　反觀我國的老子，他年長於孔子，所以他的傳承完全獨立於後世的我國文化。老子在「東周王城」或「成周新城」所傳承的不是公家留下來的大史資料庫，而是在他腦海裡的我國母系氏族群體的文化，包括老子自己看到的M57超新星爆發及體驗出來的水磁。這種文化如果沒有老子及莊子傳承下來，恐怕就會如莊子在《莊子內篇・齊物論》假藉瞿鵲子問長梧子的話批評孔子說的：

《莊子內篇・齊物論》：

　　「丘也與女，皆夢也；予謂女夢，亦夢也。是其言也，其名為弔詭。萬世之後而一遇大聖，知其解者，是旦暮遇之也。」

譯文及解說：

　　孔丘和你都是在夢裡；我如果說你在做夢的話，也是在做夢。這就叫做弔詭。萬世以後遇到一位自然人，能夠解答為什麼會這樣的話，也只是早晚想在夢裡遇到她而已。

　　我國傳統的私塾教育方式和中醫的師徒傳承，再加上老子思想在民間生活上的主導，而對個人產生的影響力，例如現代的風水術以及象數之應用，不因1850

年來在政治上的儒家掛名，而有任何褪色。

所以我國和西方的文化傳承是不一樣的，今天的情況是即使沒有藏書的圖書館，只要有互聯網，文化傳承照樣可能部份做到。

是不是老子的母系氏族群體情結比較容易私相受授（不見得都是壞事），而父系如古埃及或者近代西方的教育方式，哪一個比較適當？兩者應該還有討論的空間。

卷三.
磁文化的歷史演繹

卷三.
磁文化的歷史演繹 _____

一. 磁文化

　　古希臘最早的哲學家泰勒斯出生於古希臘一個叫做米利都的地方（Miletus，今屬於土耳其西部），所以泰勒斯又被叫做Thales Miletus。米利都附近有一個地方叫做Magnesia，在那個地方有隕石坑可以吸鐵，這個現象從小就引起泰勒斯很大的興趣。

　　埃及自古以來就有高度的文明，由膚色較深的統治者法老統治他的子民。所以泰勒斯和他的徒眾藉著膚色較淡的亞述人和巴比倫人先後佔領過埃及，都移民到有偉大的金字塔的埃及工作和學習。埃及這個地方雖被佔領，政治傳統上仍有自己的法老，就像文化落後地區的統治者佔領文化先進地區一樣，佔領改變不了繁榮的事實。所以僧侶仍然掌握古埃及的知識來源。泰勒斯一群人和後來的蘇格拉底、柏拉圖及亞里士多德也曾向僧侶學習古埃及文化，例如孟斐斯的神學。但這些古希臘移民和僧侶們生活習慣不同的地方是，後者生活神祕以符合他們的神性，前者喜歡於休息時間在地上圍成一圈高談闊論，他們的老師也不知道他們在談論什麼。

　　古埃及的統治階級是以識字和不識字來區分人民，而統治者給人的印象則以為他們是神。因此那個社會是習慣以書面溝通，而不習慣用口、耳來做溝通工具。到了後來碰到泰勒斯這些新希臘移民，習慣大家坐在地上圍在一起高談闊論，因此古希臘的先哲們著作不多，因為他們沒有先進的表達思想的文字可用。而古埃及的統治階層在這時也沒有利用先進的文字和外來的希臘人溝通，因此產生文化斷層，但是既然住在一塊兒，思想的傳遞照說不是沒有。

　　泰勒斯從古希臘的家鄉到埃及移民後說：「水是萬物的本源，世界萬物都是

從水中產生出來的,最後又復歸於水」,這一句話之所以成為泰勒斯最著名的格言,是因為他沒有解釋,而後人也不知道他在講什麼。但是由他少年時在家鄉接觸過隕石坑的磁和鐵的經驗,我們今天可以猜到他為什麼要這麼說,但也可能他的意思是,大海浸後給人類印象深刻的是洪水。

古埃及的文化裡只有尼羅河氾濫才有水過多的問題,所以水對古埃及人來講,應該不會有老子的水磁的意義。況且磁有時可以看到有時看不到,不像太陽那樣光芒四射,再加上古埃及的多種神祇中太陽神最重要,所以可以猜測泰勒斯是到了一個不能感到磁超越(transcend)的古埃及移民,所以除了講出:「水(磁)是萬物的本源…」那句話外,再也沒有機會研究磁了,但是泰勒斯的後人Epicurus(西元前341-270年)卻研究磁石。

晚泰勒斯半個世紀才出生的老子,每天上班要經過古代宮殿裡防範刺客侵入的磁石門,而被磁石影響,他們兩人同樣說出「水」,而且讓人家印象這麼深刻,除了磁有這麼大的魅力,使人一旦接觸她不由得講出「水」或寫出老子的《大一生水》外,還能夠做何解釋?

泰勒斯到了埃及不能從事他在家鄉有興趣的研究,也許是看到雄偉的金字塔的緣故,引起了他注意到金字塔,想要測量金字塔有多高?和用幾何知識測量海上船隻距離陸地有多遠?他在地上塗鴉的數學成就有:(一)等腰三角形兩底角相等。(二)半圓的內接三角形必定有一個角是直角等等。他就地取材以三角形和邊教導他的弟子們圖3-1。

泰勒斯過世後他的從希臘來求學的弟子畢達哥拉斯圖3-2,也許看到宏偉的金字塔四面體和她在陽光下的投影,不覺肅然起敬。也說不定是他鋪地磚的工作引起他注意到,當陽光斜照金字塔時,她的投影正中線各呈直角三角形,每個直角

三角形直角的兩邊為邊長的兩個在地平面上投影的正方形面積之和（其中一邊的投影落在金字塔底），等於以斜邊為邊長的在地面上的正方形面積。畢達哥拉斯應該已以他在埃及打工鋪地磚的經驗，證實了這一個想法。如果以現代西方的數學語言來說就是a、b為互成直角的邊，像金字塔投影的底邊之一和投影的中央垂直線，c為金字塔投影的斜邊，則 $a^2 + b^2 = c^2$，後世叫做畢氏定理，成為西方平面數學的濫觴圖3-3。

057

　　為什麼這群希臘移民的興趣會轉向數學發展？因為學數學不必應用高檔的語言，而那正是當時作為宗主國領袖的法老，為了他們的神秘傳統捨不得教這些移民的，所以這些希臘人不得不千方百計轉向僧侶學習。

　　我國自從帝嚳、帝摯以後的堯、舜、禹三代時，社會已演化為分成勞心者與勞力者兩個階級，而勞心者只限於貴族這一小部份，這種情形和古埃及分成識字階級和不識字階級不謀而合。只不過古埃及的法老把人民分類的目的，是要決定

圖3-1　泰勒斯。

圖3-2　畢達哥拉斯。

他們是役使人的群體或者是被人役使的群體，而且法老能使那個時代的人相信死亡對人沒有意義。我國的三代領導者在那時已知道禪讓帝位給不同血緣的人，而且勞心者只限於一小部份人，這可能是因為我國地理環境艱險，自古以來就需要較多的人民投入勞動的緣故。幸好是這樣，我國才能避免古埃及深色皮膚的法老王國覆滅的命運。

　　迨至老子的時代可能用今天所謂的文言文篆體刻《道德經》以及《大一生水》於竹片上，而他的想法當時很多人都知道，就這樣比起希臘的先哲可說是幸運多了。和畢達哥拉斯生於同年代的老子認為，迴漩的水磁是「自然」賴以完成「道」與「德」而到位必須之因素。

　　在老子的《大一生水》被破解其意以前，光看《道德經》實在也很難了解該書中的水就是指的水磁。我們不能同意2000多年前遠隔東西半個地球的老子與泰勒斯的徒眾之間，有任何辦法像今天一樣彼此傳遞訊息。

卷三　磁文化的歷史演繹

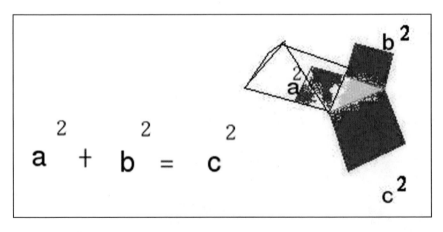

圖3-3　畢氏定理。

　　以畢達哥拉斯的直角三角形每一邊的面積為著眼點，就演變成牛頓與萊布尼茲等人發展出來的以極限和面積極限為計算基礎的微積分，以及現代的西方數學的主要部份，所以如果要說西方數學是平面數學，並不算過份。

　　類似畢達哥拉斯的觀察，如果老子也有過類似的觀察的話，應該也會用在「自然」或「自然人」上了，而不只是運算而已。這話怎麼說呢？1054年代北宋的在野學者邵雍，根據宮殿廊柱的分佈向他的得意門生程顥指出加一倍算法，這也可說是相當於後世的2的n次方，n=1、2、3、4、5。如果從 $a^2+b^2=c^2$ 來看，邵雍計算的是一邊的n次方，假使用在金字塔上應該說是計算每邊的指數（n次方，n=1、2、3、4、5），而不是每邊的正方形面積。就像象形文字的演化在西方演變成拼音文字，而在中國演變成非拼音文字一樣，金字塔的邊在西方衍生出每邊的正方形面積，在中國每邊衍生出每邊的n次方，n=1、2、3、4、5。

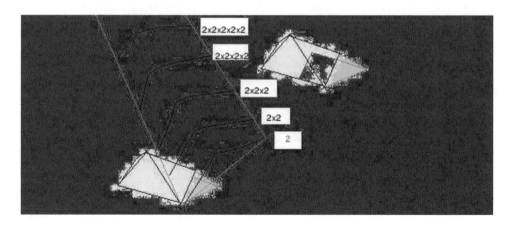

圖3-4
畢達哥拉斯應該是在埃及從金字塔的陰影測量得到的靈感才有畢氏定理。邵雍提出的加一倍法是陰陽的累積，以現代的數學語言表示就是金字塔每邊為陰陽的n次方，n=1、2、3、4、5…。

　　西方自從伽利略因為堅持哥白尼的太陽為宇宙中心說，而與羅馬教皇發生衝突，使得後世英國的牛頓在教會的壓力下，也反而學起伽利略發表自己的新學說，並沒有向神學低頭。後來同是英國哲學家的休謨修飾培根的立場，認為自己所主張的基於風俗習慣產生的慈善道德也是教會神學所主張的，並沒有衝突。他以折中的道德和懷疑論作為他的訴求，這就和老子的「道」與「德」有些許同流的意味了。

　　一直到1766年德國哲學家康德還對一個被實物佔滿的空間可被任何無形的物形同時佔有，一如通靈者所說的那樣充滿疑惑。因為他也迷惑過磁石的特性，筆者認為他是把事情兩極化了而偏重一端來做研究。其實萬物之母除物形以外，還有罔兩或者磁。康德自從拋棄磁的研究後，這時連休謨主張的懷疑論與道德因而和神學妥協的立場都不屑一顧，進而完全轉向更激進的反神學或不與休謨沾上邊的立場，專注於有形體的物形研究。這就越發遠離老子的自然通道裡的水磁，洄漩超越過「德」的門坎而到位，以及不與休謨主張的道德風俗習慣的正歸納法融合。因為康德的哲學今天還領導風騷，其盲點從這裡可以看得出來。

　　英國和法國相隔英法海峽，兩國可說得上是世仇。因為德國康德轉向偏激的不和神學妥協的立場，而他的哲學又風靡全歐洲，以至於後世講哲學的人不敢以和神學妥協為標榜，但是英法兩國的過節還是得算清楚，特別是拿破崙稱帝又幾乎征服歐洲大陸，但後來被英國主導的聯軍打敗這一點，法國的哲學家怎麼甘心稱臣呢？

　　法國的哲學家孔德拋棄神學而代之以正哲學（Positive Philosophy），其實就是實證哲學，但就休謨的因果論及慈善道德來說，正哲學是屬於正歸納法得到的風俗習慣之推論，不是只憑經驗而得的負歸納法因果論，而孔德的正哲學和休謨

的正歸納法因果論不一樣的地方是，他沒有依賴風俗習慣，也不依賴慈善。實證哲學聲稱憑經驗建立的知識才是真知識，但是即使是數學和幾何只是從泰勒斯和畢達哥拉斯的金字塔陰影經驗而來的，後世的命題也說是源自經驗。因此使得後來漸成氣候的符號邏輯學，結合實證哲學和代數的方法運用在符號邏輯上。但是萊布尼茲卻講求理解(Reason)，而不是經驗。就這一點而言，是和休謨不同的。

現在這個時代距泰勒斯到達古埃及已有2500年了，西洋雖然用的是拼音文字，但是邏輯學已發達到應用在電算機的程式寫作上，換句話說就是能讓機器跑程式。當然這種模擬的結果只能近於真實但不是真的，只要看電動遊戲上的人物缺乏真實感就可以證實這一點。

到了同樣是法國哲學家杜恩（Pierre Duhem 1861-1916 或名迪昂）就回歸到休謨的正哲學的中間路線，他主張本質分類（Natural Classification）。他的時代是達爾文發表《物種起源》以及赫胥黎鼓吹科學的時代，但也是梅森（Patrick Manson 1844-1922，又名萬巴德）做自然實驗的重疊時代。

杜恩說：「理論科學的目標在於減輕記憶的負擔，使之更容易記住一大堆的經驗定律。當理論構成時，物理學家便無須逐一地記住這一大堆的經驗定律，而只須記得少數幾個以數學語言來陳述的定義和命題即可。」他又說：「物理理論並不是說明，而是一套從少數幾個原理所演繹出來的數學命題系統。這些數學命題的目標在於儘可能簡單、全面、準確的代表一組經驗定律。」

從休謨的哲學我們知道因果論只能憑經驗或風俗習慣得來的，並不是憑理解就能得來的，理解和事實終究不是同一件事。所以說理論在休謨的因果論並不一定存在。那麼杜恩說的這些數學命題是不是也像物理理論一樣不是說明，而只是畢達哥拉斯開頭的平面數學的衍生？那麼須要本文筆者再一次說明的平面數學是

什麼？筆者提供了這個說明如下所述，請讀者評論看看對不對：

直角三角形直角的兩邊之平方和等於其斜邊之平方，這個定理叫做「畢氏定理」

寫成數學符號就成為$a^2+b^2=c^2$。但是每邊的平方其實就是該邊在地面上組成的正方形面積，所以說**須說明的數學是：**

$a^2+b^2=c^2$表示直角三角形直角的兩邊，每邊在地平面上組成之正方形面積之和，等於其斜邊在地平面上正方形之面積。

所以平面數學也就是前面曾經說過的：

「當陽光正面射到金字塔時，她的投影的頂點到底邊連線分成兩個直角三角形，其直角之兩邊為邊長的兩個在地平面上的正方形面積之和（其中一邊落在金字塔底），等於以斜邊為邊長的在地平面上的正方形面積。畢達哥拉斯應該已以他在埃及打工鋪地磚的經驗，證實了這一個想法」。

但是平面數學就只有這個說明嗎？所以我國的象數不是說明，而是遠遠超出這個界線之外^{圖3-4}。

如果以《道德經》及《大一生水》來解釋，「道」應該解釋做經過水磁激發的能源，使得共同的「大一」洄漩流出水磁流到萬物之經，而到達個人的萬物之母。在萬物之母，個人的萬物有靈與水磁流過鬼神進入「德」的門坎，超越到位。超越的意思定義為「磁在大氣生命圈內的運動」，也就是跟地球上的無線電波反射層一樣是在電離層以下的高度做運動。這是一條連續網絡，如果不這樣讓水磁洄漩流出「大一」的話，水磁就不能經由萬物有靈到位。如果水磁不能通過鬼神進入「德」的門坎話，那就會發生腫脹無法消化或為非作歹了。到位的意思是到達個人的方位。

但是萬物之經的「大一」到底是個人的還是共同的？還有一個問題「大一」是什麼？因為地球的生命起源，到底是地球的物質造成的還是外星生物移植的還弄不清楚，甚至連宇宙是怎麼出現的都還不知道？但是老子卻認為是個人的「大一」。所以萬物之經的「大一」是共同的或個人的這個問題只好擱著吧！

至於「大一」是什麼？其實老子只編過《大一生水》，那麼生什麼水？筆者認為是生水磁，而且流出的水磁是以洄漩的狀態流出，像刮颱風那樣。西方的古希臘有一個神祇叫做「以太」（Aether，Aither），祂在天上管的是有「光」的看得到的中層天。雖然「以太」只管「光」有些像水磁，但是水磁有時候看得到如北極光，有時候卻看不到的，如我國象數裡所提到的。

《莊子‧雜篇‧天下》的作者可能看過《大一生水》，但不見得看得懂，因為這一篇有「**建之以常無有，主之以太一**」和「**至大无外，謂之大一；至小无內，謂之小一**」，分別翻譯如下：

要以常、無、有依序建立起來，然後以太一主使她們。

大到沒有外邊，就叫做大一（或叫做太一）。小到沒有裡面，就叫做小一。

《莊子‧內篇》7篇應該是莊子自己作的，而《莊子‧雜篇‧天下》這一篇可能是漢朝以後的作品，因為這一篇排在最後的第33篇，而且有許多儒家的思想在內。

如果說風水術的方位可能和向下流去的水有相反方向的關係成立的話，則老子的方位觀念，亦即自然人的作為是和非自然人的作為有相反的關係，應該也能成立。那麼池水的漣漪和水波蕩漾，或許可以解釋「水往上流」的現象，一如發生在台灣島東南海岸都蘭地方的現象，也可說是水和隕石坑的土磁（包含水

磁）也可以有相反方向的關係，而且有一個看得到的共同界面，即水向上流的漣漪**圖3-5,3-6**。

　　老子用最簡短的語句、最有力的語調在《道德經》說出謎一般的話，也不知道是因為當時用語不夠不得不如此，還是故意讓後代去猜。但是從《大一生水》的出土，我們也許能證實老子對這件事情做了個交代。

《道德經》40章如下：

　　反者道之動，弱者道之用。天下萬物生於有，有生於無。

譯文及解說：

　　「大一」洄漩流出的水磁如果夠強大的話，是會逆流的。

　　但是如果水磁是潺湲的洄漩流出的話，就能夠講求「用」了。

　　天下萬物有靈的「用」可以說是「無中生有」，

　　但也可以說是「有中生無」，

　　只因為萬物有靈就是這個樣子。

　　在這裡老子想要表示水磁和萬物有靈的體用關係，雖然水磁在萬物之經潺湲的洄漩流出，才能夠在萬物之母看到萬物有靈的「用」，但是在萬物之經的緩慢是對宇宙而言，其實比較起人的活動而言，是快到無法計量的。我們看到的水往上流的現像是萬物有靈的「用」之一，當然一般是水往下流的。

　　因為甲骨文的出現是在3000多年前的商代，而且是用來卜卦用的，所以方位的觀念可能不早於這個時候。但是方位之沒出現在子類的書，可能是因為磁只是觀念不易形成圖樣或文字，所以主要在民間發展。在那蒙昧的時代信者恆信，不信者恆不信。3000多年來任憑民間的力量自生自滅，形成了今天地理師和風水業者的工作。再者方位應該限定在土層表面的大氣生命圈，才有實際意義。但是

在我們看大氣生命圈以外的宇宙時，我們仍然必須使用方位一詞，因為那是我們從地球上或人造衛星看到的現象，然而其意義不同於人間的方位。

本書所定義的罔兩包括看不到的但人的身體能經驗到的無形，而磁是一種在人間不容易辨別，身體也不容易經驗到，但能留下痕跡的無形物質，我們只好暫且將二者通用，其理由容後敘述。

所以可猜想老子擁有磁石又嚮往母系氏族群體，也許是從他看明亮的織女星得來的靈感，但是我們知道磁及磁石是古時候傳來的，也就是磁石文化是跟現代的文化不太一樣，也許很好玩，老子就玩得樂再其中。那麼磁石文化產生於磁石

圖3-5

水從走道旁低處往逐漸升高的露天坡道向上流，一般只有在加壓的密封水管中流動，才會有水往上流的現象（圖片來源google.com）。

圖3-6

請注意該段水溝中水漣漪的方向是朝向上方前進。

就一定嚮往磁石與母系氏族群體嗎？對此筆者沒有答案，但如果以老子做例子的話，在我國自古以來就是這樣子的。

　　假設磁石文化可以研究，就像老子可能私下研究人們的作為、磁石、萬物有靈和北極光的關係，那麼這可能是一個很有趣的研究主題，不但目前文化界的人士可以投入，連理工界的人士投入也不嫌唐突，當然西洋哲學家或科學家投入的話，可能還要一陣子適應期。

二. 老子與象數

《道德經》14章記載：

「視之不見名曰夷，聽之不聞名曰希，博之不得名曰微。此三者不可致詰，故混而為一。其上不皦，其下不昧，繩繩不可名，復歸於無物。是謂無狀之狀，無物之象，是謂惚恍。迎之不見其首，隨之不見其後。執古之道，以御今之有。能知古始，是謂道紀」。

譯文及解說：

看起來卻不見蹤影叫做夷，聽起來卻不聞其聲叫做希，嗅起來卻不覺得有香味叫做微。這三種嘗試不可以一一細問，所以混為一談。她的上面不明亮，她的下面也不昏暗，也不是萬物之母的有名，也許應該歸於萬物之母的前端萬物有靈。這就叫做無形的水磁，超越成為無物的象，而那是恍恍惚惚的。迎面而來不見其首，尾隨她也不見其尾。自古就有的自然通道洄漩流出「大一」的水磁，流入萬物有靈再超越「德」的門坎，以便統御現在的萬物之母。像這樣雖在現代也能知道古代，這就叫作道紀。

《道德經》21章記載：

「孔德之容，惟道是從。道之為物，惟恍惟惚，惚兮恍兮，其中有象；恍兮惚兮，其中有物。窈兮冥兮，其中有精。其精甚真，其中有信。自古及今，其名不去，以閱眾甫。吾何以知眾甫之狀哉，以此」。

譯文及解說：

想要萬物有靈的水磁超越「德」的門坎而到位的話，就得要從自然通道的水磁洄漩流出「大一」算起才行。自然通道裡無形的水磁看起來是恍惚不清的。惚啊恍啊我好像看見水磁超越入無物的象哪兒。恍啊惚啊我又好像看見水磁進入「德」的門坎超越到萬物之母的有形體。隱隱約約的還可以發現她的精神，而這

個精神是真的，其中有可信賴的地方。自古至今萬物之母都是有名的，能據以檢視眾人的水磁是否也到位？我就是靠著各別的名來知道眾人的水磁是否到位的。

「象」就像欣賞一副名畫一樣，但是一般人看畫展大概是一眼瞧到這幅畫，然後才想所看到的。有備而來的人可能先從別的地方研究這一幅畫，或看這幅畫許多次。到了很熟悉這幅畫後，再看時先想到這幅畫，然後用雙眼凝視這幅畫。比喻這幅畫是一條龍的話，那麼只能用神龍見首不見尾般的語言去揣摩。因為磁可能引起自己的「視」能力產生變化，而這個變化本人不一定能察覺，別人更是看不出來的。

這兩章老子不知什麼原因，重覆講「象」這個水磁。

「數」雖然也有加減乘除的算法，但是在古代的我國是用來討論天象的。

沈括在《夢溪筆談‧卷七‧象數一》說：

「世之談數者，蓋得其粗迹。然數有甚微者，非恃曆所能知，況此但迹而已。」

譯文及解說：

世上談「數」的人，只能粗略的談，但是也有的「數」是很微細的，非知道曆法的人，是不能領會的，何況我只是懂一點而已。

沈括是客氣了，但是他談的「數」以西方平面數學語言來講，是無限大的意思，而不是現代照字面來讀的意思，這是東、西方根本不同的地方。

根據沈括在同篇談到，「六壬天十二辰」的歲差，西漢的天文家落下閎[註9]造曆時說800年後須要重算一遍，唐朝的一行法師更正這個說法。到了北齊的張子信知道有歲差（太歲超辰），他的說法是80餘年差一度，也就是差「六壬天十二辰」的一辰。今人郭沫若[註10]（Kuo,Mo-Jo1892-1978）說歲差每82.6年超辰30

度。「六壬天十二辰」可能是太歲星繞過12個太歲循環，重覆7次的意思，也就是84年。但在我國古人還沒有看到天王星以前，只能像沈括一樣認為「數」是很微細的，而且度數不是整數而有超辰現象。

註9　**落下閎**　（西元前156年─西元前87年）複姓落下，名閎，字長公，巴郡閬中（今中國四川省閬中市）人，中國古代西漢時期的天文學家，太初曆的主要創立者。渾天說創始人之一。早年隱居於民間。漢武帝元封六年，落下閎被徵召至長安創立新的曆法，於太初元年（公元前104年）創立了中國古代第一部有完整的文字記載的新曆─太初曆。太初曆是落下閎、鄧平、唐都等多位天文學家共同創立的，落下閎是其中的代表人物。太初曆創立之前，廣泛推行的是秦朝制訂的顓頊曆，其特點是以十月為每年的第一個月，九月為最後一個月，按照冬、春、夏、秋的順序排列四個季節。這種曆法雖然與實際天象比較符合，但是給農業生產帶來眾多不便。落下閎等人創立的太初曆改變了這種舊的曆法制度，重新確定了春、夏、秋、冬的順序，以孟春正月朔日為一年的開始，這也是中國春節的來歷。此外，落下閎還創造了渾天儀、提出了渾天說，是世界較早的地球為中心的宇宙觀。他的許多思想對後世的中國古代天文學家產生了很大的影響，被巴蜀人稱為「前聖」。為紀念落下閎，2004年9月，中國科學院國家天文台發現的第16757號小行星命名為「落下閎」。

註10　**郭沫若**　原名郭開貞，字鼎堂，是中國新詩的奠基人之一、中國歷史劇的開創者和奠基人之一、中國唯物史觀史學的先鋒、古文字學家、考古學家、社會活動家，甲骨學四堂之一。

三. 尋找老子的足跡

　　老子在西元前576年（周簡王10年）出生於楚國苦縣。據考證老子的出生地在今黃淮平原北部的河南鹿邑及安徽渦陽的我國低窪地帶，有許多河川自西北方的黃土高原上的黃河流到這裡，洛陽地區就位於西北方約300公里處，附近必然有許多澗谷能吸引老子的注意力。

　　為了從文獻上找老子這個人，筆者在《春秋左傳》找到了M57爆發後的第7年(西元前525年)，作為大史的老子留下了與眾不同的日蝕記錄。別人只簡單地在簡冊上留下「日有食之」的文字，老子卻以《道德經》59章的用語「治人事天莫若嗇」來講「嗇夫馳。庶人走。此月朔之謂也。」〈昭公傳十七年〉的原文如下：

　　夏。六月。甲戌。朔。日有食之。祝史請所用幣。昭子曰。日有食之。天子不舉。伐鼓於社。諸侯用幣於社。伐鼓於朝。禮也。平子禦之。曰。止也。唯正月朔。慝未作。日有食之。於是乎有伐鼓用幣。禮也。其餘則否。大史曰。在此月也。日過分而未至。三辰有災。於是乎百官降物。君不舉辟。移時樂奏鼓。祝用幣。史用辭。故夏書曰。辰不集於房。瞽奏鼓。嗇夫馳。庶人走。此月朔之謂也。當夏四月。是謂孟夏。平子弗從。昭子退曰。夫子將有異志。不君君矣。

　　筆者認為文中「月朔」應當是「日朔」的歷代傳抄錯誤，大史就是老子的官職，他在日蝕時的工作是「史用辭。」他講的三辰可能意指包括心宿二右手邊的房宿，範圍從織女星的左手邊危宿、虛宿，向右手邊包括河鼓、心宿、房宿、氐宿。雖然在對話中提到的禮自從周公制禮後已成為朝廷的日常用語，但是老子不置一詞，可見得老子沒認同這個禮儀，反而孔子專程到周王室問禮，碰到老子其對話簡直是雞同鴨講，怪不得老子事後對孔子的問禮在《道德經》38章大肆批評了一番。老子的個性似乎是不易隨波逐流，這可從《道德經》20章他的自述看得出來。

從周朝以降的史書來看，《春秋左傳》的作者左丘明和孔子是周公後代的封地魯國的史官和學者，而魯國當時雖然只小到只管轄孔子的出生地曲阜周圍的地方，但是因為周公制禮在歷史上是著名的，同為孔子當時魯國史官的左丘明，兩人互相標榜留有文獻並不意外。在東周王室老子並沒有感到禮的實際，以至於孔子年輕時專程跑到洛邑問禮時，從老子那裡並沒有得到答案，反而碰到老子對他講的「道」，只是有心向學的孔子聽不太懂而已。

孔子的傳人公羊和穀梁也根據《春秋》著有史書，但是比起《春秋左傳》來，內容簡略得多，以魯昭公十年爆發的M57超新星這件事來講，不但《春秋左傳》敘述了占星者梓慎講的話，而且《竹書紀年》也提到這件事。

左丘明和老子是同行，只不過前者是小史後者是大史，但是因為東周以後進入春秋時代，東周王室小到只管轄方圓不足百公里的洛邑地區，所以被諸侯小看。也許因為如此老子的官職後世被稱為柱下史。

那麼大史的日常工作是什麼呢？《禮記‧月令》有周公留下來的規定，由此可見得當時我國的文明已經很進步。

立春－大史謁之天子。曰。某日立春。乃齊（齋）。

乃令大史。守典奉法。司天日月星辰之行。宿離不貸。毋失經紀。以初為常。

立秋－大史謁天子曰。某日立秋。盛德在金。天子乃齊（齋）。

立冬－大史謁之天子曰。某日立冬。盛德在水。天子乃齊（齋）。

是月也。令大史。釁龜隉占兆。審卦吉凶。是察阿黨。則罪無有掩蔽。

季冬－乃令大史。次諸侯之列。賦之犧牲。以共皇天上帝社稷之饗。

在《道德經》裡老子把澗谷裡的物質放大為充滿了天下的水磁。因為那個時代缺乏輔助視力的工具老子沒辦法看到月亮的隕石坑，所以他只能講水磁。雖然

《大一生水》裡還有「下，土也，而胃之地。上，氣也，而胃之天。」的語句，但是老子至少還沒有把「土」及「氣」拿來應用，雖然他也有土磁及氣磁的觀念。

當然作為大史的管天文當官的老子，應該也注意到夜裡北極光從天上覆蓋下來，以至於瀰漫著大地的澗谷。要知道2500年前地球沒有光害，一入夜大地一片漆黑，如果有北極光的話很容易看到。

以下幾章《道德經》的例子在說明「淵」或「谷」字是代表萬物之母，包括萬物有靈、鬼神和未進入「德」之前的水磁：

《道德經》66章：

江海所以能為百谷王者，以其善下之，故能為百谷王。是以欲上民，必以言下之。欲先民，必以身後之。是以聖人處上而民不重。處前而民不害。是以天下樂推而不厭。以其不爭，故天下莫能與之爭。

譯文及解說：

作官兒的人要像江河海洋一樣在川谷的下游承接流水，所以能成為百谷之王。所以想要作人民上頭的職位，必須謙虛地說在下面支持人民。想要領導人民，就得作人民的後盾。因此作官兒的人位居人民的上頭人民也不會感到負擔沉重。作人民的後盾而在前面領導，人民也不怕受到傷害。所以天下的人樂於推崇這位官員而不厭倦他。因為這位作官兒的人不主動爭取高位，所以天下的人沒有能爭得過他的。

《道德經》第6章：

谷神不死，是謂元牝，元牝之門，是謂天地根。綿綿若存，用之不勤。

譯文及解說：

萬物之母的水磁充滿了萬物有靈、鬼神和未進入「德」之前的淵谷是不會死的，名叫做元牝。元牝之門是天地的根源。匯聚而成的水磁像蠶絲一樣綿綿不絕如縷，不必勤勞也能使用。

在這一章老子把充滿了水磁的淵谷描寫得更抽象化。

《道德經》第15章：

古之善為士者，微妙元通，深不可識。夫唯不可識，故強為之容：豫焉若冬涉川；猶兮若畏四鄰；儼兮其若容；渙兮若冰之將釋；敦兮其若樸；曠兮其若谷。混兮其若濁，孰能濁以靜之徐清，孰能安以久動之徐生。保此道者不欲盈，夫唯不盈，故能蔽不新成。

譯文及解說：

古時候善於做士人的人，因為知道萬物之經及萬物之母的奧妙，也通達做人的道理，深邃不可辨識。因為不可辨識，所以需要加把勁才能形容她是這樣子的：就像冬天涉過冰川走不動的樣子；偷偷摸摸的好像怕鄰居看到；容貌莊重嚴肅；煥然明亮就像堅冰剛要溶解一樣；和藹可親生活過得很樸素；度量卻像充滿了水磁的萬物有靈、鬼神和未進入「德」之前的淵谷；因為這種人雖像混濁的溪流，但是誰能夠像濁水般靜止不動許久慢慢變成清水呢？又有誰能夠從在地面由靜止緩緩運動變成徐徐生出風來呢？只有當「大一」洞漩流出水磁通順的時候，這種人做事不要求全部重新做起才滿足，也因為做事不求全部重新做起，所以才能舊的照樣使用而不企求新的才用。

老子說古代做士的人，萬物之母前半部（萬物有靈、鬼神和未進入「德」之前的淵谷）充滿了水磁，但是一旦進入萬物之母的後半部，經過「德」的門坎而到位，這種人不求新的，拿舊的來用照樣可以做得很好。假使進不了「德」的門坎而在外徘徊，就會變成消化不良腫脹阻塞，或者與壞人結成幫派。一旦進入了「德」的門坎，經過陰陽、四時、濕燥、寒熱就可以到位了，也就是說事情辦得通順。

似乎水磁的作用在萬物之母的前半部與後半部是互相消長的。水磁在前半部越充盈，後半部就不求全新的來做也能到位。反之水磁在前半部不充盈，後半部

即使苛求全新的來做也不能成功。

《道德經》第39章：

> 昔之得一者，天得一以清，地得一以寧，神得一以靈。谷得一以盈，萬物得
> 一以生，侯王得一以為天下貞。其致之。天無以清將恐裂，地無以寧將恐
> 發，神無以靈將恐歇，谷無以盈將恐竭，萬物無以生將恐滅，侯王無以貴高
> 將恐蹶。故貴以賤為本，高以下為基。是以侯王自謂孤寡不穀，此非以賤為
> 本邪。非乎。故致數與無與。不欲琭琭如玉，珞珞如石。

譯文及解說：

從前「大一」洄漩流出水磁的時候，天能夠清澈，地能夠安寧，鬼神能夠
靈驗。萬物之母的澗谷充滿水磁，萬物有靈得以自發運作，侯王的罔兩得以愛護
老百姓。就是因為水磁盈滿的關係才能這樣。天如果不變晴朗恐將打雷下大雨，
地如果不變安寧恐將發生地震，神明如果不變得靈驗恐將成為無用。萬物之母的
澗谷如果不注滿水磁恐將變得耗損，萬物有靈如果不自發運作恐將毀滅，侯王的
罔兩如果沒辦法變得高貴恐將沒人擁護。所以侯王的顯貴要以低賤為根本，高位
要以低位為基礎。因此侯王是自己稱呼自己為孤寡不穀，不能種莊稼餵飽自己的
人，這不就是須要以低賤為根本嗎？難道不是這樣嗎？這就好像沒有車子代步，
但其實這個人是不知不覺的自然在使用車子。不然的話就如同琭琭的玉石或珞珞
的小石子一般，具體得每一個石塊都算得清清楚楚，而不是得過且過一樣自然。

老子在這一章把鬼神、萬物之母充滿水磁和萬物有靈放在一起，鬼神只是未
進入「德」的門坎之前的能量。萬物之母的澗谷充滿水磁的意思是指萬物之母本
身充滿水磁，而萬物有靈不自發運作的話恐怕將要毀滅。

老子在這一章的結尾的意思可能是，水磁在人間的運作應該是馬馬虎虎，不
是計較得清清楚楚，這和後世的科學講求算得一清二楚正好相反。其原因也許是
老子認為與宇宙的動態相比，人間的水磁超越恐怕是微不足道吧。但是以今天電
子計算機的平面計算能力的進步來講，老子的馬馬虎虎講法應該做些修正才是。

四. 陰陽與老子

周朝的始祖是棄，傳到了帝堯時的后稷擔任農官，到了帝舜他的後代因功被封於邰，號后稷姓姬，子孫以務農為本，艱苦創業。到了公劉主政的時候，舉族遷居於豳（今陝西旬邑縣一帶）。

陰陽兩個字出現在《詩經・大雅・公劉》：

「…既溥既長，既景迺岡，相其陰陽，觀其流泉。…」

譯文及解說：

大家往那有百泉之地和廣大的原野的地方走，遙望景色，登上山岡，算算陰陽，看看流水。

上面這一段話可說周朝的先人公劉已經把陰陽用在選地方，營建宅屋城鄉的使用要領都說出來了。這裡有山崗、有流水（不是靜止的水，就如孔子想像的那樣），又有廣大的原野可以供人們耕種居住生活在其間，這是很「自然」的環境呢！

公劉相了這個地方的風水就定居下來，部族也漸漸興旺發達起來。到了古公亶父時，由於不堪戎狄族部落的掠奪與侵擾，遂搬到岐山腳下定居。

陰陽兩儀是我國自遠古時代就有的思想。《道德經》裡雖然只在42章出現「萬物負陰而抱陽」的字眼，但是老子是根據我國的陰陽象數來編書的，這在《大一生水》文中，多處出現陰陽文字可以證明這一點，如：「神明復相輔也，是以成陰陽。陰陽復相輔也，是以成四時。」

陰陽除了用以指男女的分別外，我國還在古代就應用在占卜用的八卦之陰爻 ▬▬ 及陽爻 ▬▬ 上。所以可說象數是我國的非平面數學，也就是加一倍法的陰陽應用，而老子正是應用陰陽的高手，否則為什麼經過了2500年，《大一生水》的出土還能夠讓人認識他的價值，惶論他在西方人心目中的神秘性。今舉《道德經》的

幾篇並譯之，來說明老子應用陰陽的功力：

《道德經》第9章：

> 持而盈之，不如其已；揣而梲之，不可長保；金玉滿堂，莫之能守。富貴而
> 驕，自遺其咎。功遂身退天之道。

譯文及解說：

拿桶子裝滿水，不如有水就好了；量好長木棒再來加工，不如馬馬虎虎隨便
拿一支；即使有滿堂的金玉，也不一定能守得住。因為富貴而驕傲的人，只落得
被人責怪。「大一」的水磁洄漩流過，而在萬物之母到位的話，才能使得功事做
完就安心離開。

這裡講的水磁洄漩流通，指的是《大一生水》中的陰陽，至於太極圖是由陰
陽魚洄漩，而且陰中有陽、陽中有陰組成的**圖3-7、3-8**。

《道德經》第22章：

> 曲則全，枉則直，窪則盈，敝則新，少則得，多則惑，是以聖人抱一為天下
> 式。不自見，故明；不自是，故彰；不自伐，故有功；不自矜，故長。夫唯
> 不爭，故天下莫能與之爭。古之所謂曲則全者，豈虛言哉。誠全而歸之。

譯文及解說：

委屈的終得以保全，彎曲的終得以伸直，低窪的終得以洄漩的注滿水磁，用
舊了的終得以更新，變少了的終得以補充，變多了反而感到迷惑，就這樣使得自
然人抱持著「道」作為天下人的模範。自然人不自我審察也很明朗；不自我肯定
也很彰顯；不自我譴責也有功勞；不自我矜持也能進步。因為不主動爭取，所以
天下沒有人能與她相爭的。古時候這就叫做曲則全，這可不是空話呢！要誠心誠
意歸向她才對。

「窪則盈」是碰到低窪的地，水磁要往上方洄漩流去，也就是表示陰陽左右

事情要曲或全，冤枉或正直了。

《道德經》第36章：

> 將欲歙之，必固張之。將欲弱之，必固強之。將欲廢之，必固興之。將欲奪
> 之，必固與之。是謂微明。

譯文及解說：

「大一」洄漩流出的水磁，流出萬物之經，再流入萬物之母而到位，使得收
斂的會漸漸張開，減弱的會漸漸增固，不通的會漸漸通順，漏失的會漸漸補足。
這就叫做微明。

老子在這裡把陰陽當做水磁看待，微明或許可以解釋說這是早晨或黃昏時出
現的北極光或隱或現的現象，這是因為老子的文字，以現代人受儒家影響僵硬地
對文字的認知來講，光是瞭解文字的意義是不足以抓住老子的思想的，必須延伸
解釋才能切中要害，這就是《道德經》難讀得懂的地方。筆者反而認為《大一生
水》比較容易讀，只要經過一番思考就容易懂了。

《道德經》第41章：

> 上士聞道，勤而行之；中士聞道，若存若亡；下士聞道，大笑之。不笑不足
> 以為道。故建言有之：明道若昧；進道若退；夷道若纇；上德若谷；大白若
> 辱；廣德若不足；建德若偷；質真若渝；大方無隅；大器晚成；大音希聲；
> 大象無形；道隱無名。夫唯道，善貸且成。

譯文及解說：

「大一」的水磁洄漩流過到位的事，如果被上士知道了就會勤勞奉行，如
果被中士知道了就只會放在心裡，但如果被下士知道了就只會大笑，這樣的話人
家才會以為這個人懂得水磁洄漩流過到位的事。不然的話，不笑就怕人家會以
為，這麼簡單的「大一」洄漩流出水磁的事他都不懂，還懂什麼呢？所以有人建

議說：知道「大一」洄漩流出水磁到位之理的人，要保持若無其事；要安安靜靜的做下去；要像在走崎曲的路一樣隨時小心；有上德的人要像居於承接水磁的淵谷；清清白白的，但是要隨時準備受辱；善行廣大的人要隨時準備人家的責怪；德行剛健的人要好像怠惰的樣子；質樸的人要像沒有什麼的樣子。即使有廣大的空間，卻好像沒有角落一樣。有偉大的成就卻好像晚成的樣子。很大的聲音卻好像聲音很小，不容易被人家注意。龐大的無狀之象卻是無形的。「大一」的水磁還沒有洄漩流到萬物之母前，是有字無名的。也唯有「大一」洄漩流出水磁，才能夠經由萬物之母到位，而且會成功。

「**大象無形**」是說"象數"適用在天體的運作，其規模是大到無形的。西方平面數學的計算，並不一定適用於我國的象數。

《道德經》第63章：

> 為無為。事無事。味無味。大小多少，報怨以德。圖難於其易，為大於其細。天下難事，必作於易；天下大事，必作於細。是以聖人終不為大，故能成其大。夫輕諾必寡信。多易必多難，是以聖人猶難之，故終無難矣。

譯文及解說：

「大一」洄漩流出的水磁，流到萬物之母到位，就不必要有什麼作為。做起事來就好像沒做事一樣穩定。飲食不計較有沒有味道。不計較別人對我的傷害有多大，都要以德報怨。想解決困難的問題要從容易的開始，想解決大的事情要從細微的地方著手。因為難事必從容易的開始，大事必從小事累積起來。所以自然人終究不故意要做大事，而能成就大事。不守諾言的人必定不為人家信任，做了太多容易做的事一定會遭遇很多困難。因此連自然人也會遇到難題，但是最後終於能解決而不再有困難了。

在這一章老子說陰陽是相輔相成的。

五. 風水術在我國

　　國人都聽說過方位和指南針有關係，戰國時代就有人曾用指南針測方位的記載，《韓非子・有度》曰：「**先王立司南以端朝夕**」，做成湯匙形狀的磁鐵能當指南針用就是司南，人們以風水方位來決定房屋的座落位置和方向，而使用指南針。在歷代皇家把指南針禁止民間使用時，風水師把她改叫做子午針，一直到1498年，明朝皇帝才廢除民間習天文的禁令。

　　我國歷史上的洛水和伊水地區（今洛陽一帶），是自夏代開國以及商代開國建立都城的地方。雖然公劉帶領子民在空曠的地方營建社區要靠陰陽風水來決定的記載，可能是歷史上第一次清楚的記下來，但是因為河洛地區的夏代以及商代古城的考古發現，使我們知道夏、商、周三個朝代的京城或陪都都和洛陽地區方圓不足百公里的範圍有關，使我們懷疑風水術至少在夏代的《連山易》以及商代的《歸藏易》時就有了。

　　自從5000年前由於海浸形成我國東南方的巨澤後，沒有浸在內海的考古地區在燕山以北有紅山文化，在洛陽地區以西以及河套以東的黃河沿線有仰韶文化，在泰山附近的高地有大汶口文化，還有長江三峽附近的大溪遺址，今會稽山以南的河姆渡遺址以及杭州灣地區的馬家濱及崧澤遺址等等。

　　開始海退後，因為大禹一群人在黃河河套東邊的壺口開鑿水道讓洪水流出去，這一群人在高海拔的水位降低後，又離開河套，向河套轉彎處不遠的下游三門峽開鑿水道，使較低海拔的水位再降低，從此處開始水流平穩，下游的洛伊地區只距離此地1、200公里遠。

　　經過堯、舜的禪讓帝位，大禹即位後開始要建都了，他曾經走遍天下，所以他可能利用《連山易》以陰陽相宅。根據1959年的考古調查在洛陽地區的二里頭村發現一處夏代的都城遺址，後來經過研究確認，二里頭就是夏都斟鄩。

《史記·夏本紀》記載：

「太康居斟鄩，羿亦居之，桀又居之。」

譯文及解說：

夏朝的第三位天子太康、大禹的後人反叛太康的后羿，以及夏朝的最後一位天子夏桀都住過斟鄩。

因為大禹本人可能因為洪水未退而住在洛伊地區南方的轘轅山（陽城），等到他的孫子太康繼位後建都於洪水已退去後的洛伊地區的二里頭，夏桀也住過這裡。

1983年考古發現在洛陽偃師尸鄉溝一帶發現一座規模宏大的商代遺址，該城址距二里頭遺址僅6公里，是夏、商王朝交替的界標。偃師商城是商朝的陪都，而鄭州商城是國都，一如鎬京是西周的國都，而洛邑那時只是陪都一樣。只不過周武王想要把國都遷到後者，但是未能完成殊願，因而引發周公到東方相宅，以及周成王搬到洛邑去住的事。也因為這樣因緣際會，才有老子到東周的都城洛邑上班的故事。

夏朝的太康在今洛陽地區建立都城，因而選擇了二里頭這個地方。今天的洛陽地區南邊有轘轅山、嵩山，北邊有自西向東的邙山、首陽山隔開黃河，與黃河的今孟津相對，孟津以北遙對我國南北走向的太行山。共同源自黃河南邊的洛水與伊水呈東北向西南走向，各別貫穿洛伊地區。

我們想像大禹無意間來到洛伊地區的高地建立都城，等到他得孫子洪水已經退去了，這時除了南北走向的太行山之外，中間的黃河及洛水與伊水已露出地面了。也許有經過相宅也許沒有，平地總算能住人了，雖然土質貧瘠鹽份過高。

假使從今天的人造衛星看這個地方，是不是有使人有容易生活在其中的感

覺？換句話說這是調合的感覺，不因人活著的時候所處的方位而變動（因為風水術是以陰陽相宅屋的，不是相人）。這就是對於颱風、地震、以至於海嘯可能陰陽相宅的原理（看這些天然災變對這個地區的宅屋有什麼影響，而不是人在宅屋中對這些天災的預防有什麼影響，這就是風水術），所以對於這些災變須要以平常心看待她們對宅屋的影響。

商代使用的應該是《歸藏易》，與《連山易》同樣是陰陽衡量出來的同一個區域的風水，夏朝與商朝都在這裡建過都城，且不因時間相隔400年而有所不同，這就是風水術的魅力。假使連周武王建國時都想要在這個地區建立國都，而不是別的地方。後來因早逝未能實現，以及東周被迫搬到這裡建都，我國自夏朝太康起，斷斷續續2000年或直接、或間接都建過都城在這個地區。

以上陰陽相宅的例子今天都不見諸於有文字記載的歷史，必須等到西周建立後才有關於周朝的先人公劉的陰陽相宅之事出現。

西周立國是在西元前1046年周武王滅掉商紂王後成立的，周武王認為要統治全國有須要將京師東遷，而不是留在西部的鎬京，因此他兩次在今天的洛伊地區的今孟津會師。

關於周公風水相宅的事，在《史記‧周本紀》記載了周公聽周武王說：

> 「自洛汭延于伊汭，居易毋固，其有夏之居。我南望三塗（關、大谷、闤軒），北望岳鄙。顧詹有河，粵詹雒、伊，毋遠天室。」

譯文及解說：

從洛水到伊水，適合居住但是不能安定下來，因為夏朝的舊都在附近。

我向南可看到關、大谷、闤軒這三個地方，向北可看到太行山及靠近山的鄙，同時能看到黃河，以及雒（洛）、伊兩水。南方的天室（嵩山）也不太遠。

這是周武王征服商朝看過洛伊地區後向周公說的，不久周武王就積勞成疾過世了，因此就有周朝要遷都到洛伊地區的想法。周武王的繼承人周成王想要搬到洛伊地區去住，先叫召公看洛伊地區的風水。

《尚書‧召誥》記載：

> 「惟太保先周公相宅。越若來三月，惟丙午胐。越三日戊申，太保朝至于洛，卜宅。厥既得卜，則經營。越三日庚戌，太保乃以庶殷，攻位於洛汭；越五日甲寅，位成。若翼日乙卯，周公朝至于洛，則達觀于新邑營。…」

譯文及解說：

太保召公比周公早到雒邑（洛陽）相宅。到了下個月的初三丙午日的晚上，新月初現。隔了一天戊申，太保召公在早上到雒邑，相了宅。得到吉兆，就開始測量營作。又隔了一天庚戌日，太保召公就召集了投降的殷人，開始在洛水的北岸建城堡宮殿。再過了三天後於次日甲寅日，所有的方位及營建方案都已經決定好了。第二天乙卯日，周公一大早就來到雒邑，便往各處視察新都邑營建的情形。

周公在同一篇又說：

> 「我不可不監于有夏，亦不可不監于有殷。我不敢知，曰有夏服天命，惟有歷年；我不敢知，曰不其延，惟不敬厥德，乃早墜厥命。我不敢知，曰有殷受天命，惟有歷年；我不敢知，曰不其延，惟不敬厥德，乃早墜厥命。今王嗣受厥命，我亦惟茲二國命，嗣若功。…」

譯文及解說：

我不可不做殷鑑於夏朝的想法，也不能不引用殷朝為借鏡。我不敢知道夏朝是服了天命才造成了國祚幾百年；我也不敢知道夏朝不能繼續下去的原因，是

因為不能敬德，所以提早改朝換代。我不敢知道殷朝是受了天命也有幾百年的國
祚；我也不敢知道殷朝不能繼續下去的原因，是因為不能敬德，所以也提早改朝
換代。我也思慮這兩國的命運，輔佐嗣子繼續先王的功業。

如果比起古埃及，夏朝建國是因為服了天命，商湯建國是受了天命，那麼同
一時期古埃及的法老為了要達成統治國家的目的，就繼續不擇手段仍將人民分成
識字階級以及不識字階級來管理，不知變通，所以可能埋下覆滅的種子。比較起
來歷史上那個時期我國的文明雖然不能說好，但是顯然比較有人性。

《尚書‧洛誥》記載：

「周公拜手稽首曰：『朕復子明辟，王如弗敢及天基命定命，予乃胤保大相
東土，其基作民明辟。予惟乙卯，朝至于洛師。我卜河朔黎水。我乃卜澗水
東、瀍水西、惟洛食。我又卜瀍水東，亦惟洛食。伻來以圖，及獻卜。』
王拜手稽首曰：『公不敢不敬天之休，來相宅，其作周匹休。公既定宅，伻
來、來，視予卜休恒吉，我二人共貞；公其以予萬億年。敬天之休；拜手稽
首誨言』。」

譯文及解說：

周公看到周成王就作揖又鞠躬說：「我報告給明君聽，作為君王繼承人的人
不能不趕上受天命的武王功業及文王所定的基礎呀！我繼續輔佐達成先王要在東
方建立未來新京城的願望，將基本過程報告給明君聽。我在乙卯日，早上到了洛
伊偃師地區。我相宅過黃河北方的黎水（今距離洛陽200公里外的浚縣，在今河
南濮陽附近），然後占卜沒有吉兆。我再相宅澗水的東方以及瀍水的西方，然後
占卜，結果洛伊地區是吉兆。我又相完了瀍水的東方，然後占卜，結果洛伊地區
還是吉兆。所以請君王前來雒邑商量下一步要怎麼做，以及獻上占卜的結果。」

周成王作揖又鞠躬說：「我知道公不敢不接受天的善意，來到這裡相宅，提供將來周朝建立新京城的根據。既然相宅及占卜有了吉兆，要我來，我已經來了，給我看的占卜結果通通是吉祥的，這占卜結果就由我們兩人來承擔吧；我們兩人就接受天的善意，希望萬億年之後還是這樣；作揖鞠躬請你賜教。」

在這則對話裡我們看得出在周公之前1000年前大禹治水後，太康可能已用過《連山易》相宅及占卜洛伊地區而得到吉兆，因此選擇這個地方建都。到了周武王因為國都在西陲的鎬京，一想到洛伊地區是大禹後人決定建都的，而大禹是歷史上家天下的共主，暫且不管他是願意這樣還是不願意這樣，反正家天下已經1000年了，我周武王怎麼能不依樣葫蘆呢？

於是周武王找了周公告訴他遷都的意願，周公才有洛伊地區相宅占卜之舉，因為那時周朝初立，可能還沒有《周易》可用，所以用的應該是《歸藏易》來占卜。

從《史記·周本紀》的記載，我們已知道了周公選擇這個地區相宅的理由：

> 「周公復卜，申視，卒營筑，居九鼎焉，曰。『*此天下之中，四方入貢道里均*』」。

譯文及解說：

周公又看了一次這個地方的風水，看起來很妥當，於是營築宮殿，還把夏朝傳下來的禹九鼎移到這裡，並說：「這是天下的中央，四方來入貢的諸侯所走的里程，都差不多均等」。

司馬遷「四方入貢道里均」這一句話的「道里」是里程的意思，不是「道理」，現代的「道理」可能是儒家誤解老子講的「道」得來，因為老、孔相會時，孔子並不了解《道德經》裡的「道」是和「德」不同的，孔子以為兩者差不

多。

　　周成王於是搬到洛邑去住，但是西周的首都仍留在鎬京。

　　夏朝建國後鑄有九鼎作為傳國之寶，周武王建國後，周成王把九鼎從殷都朝歌搬到他心目中理想的建都地洛邑（洛陽）來，周成王在洛邑宮殿建成後把九鼎正式安裝在宮殿上，史稱「成王定鼎于郟鄏」， 郟鄏為洛邑的另一名稱。

　　對於周公為什麼相宅黎水沒有吉兆，相了雒（洛陽）卻有吉兆？筆者認為周公相宅時已經先有他的哥哥周武王向他表示遷都於洛邑地區的意願在心中，等到他正式相宅時選了1800年前顓頊的帝都帝邱（濮陽）來占卜，結果沒有吉兆，古時候的占卜是很煩雜的。大概周公也不願意在這個地方繼續占卜下去，所以回到洛邑地區繼續占卜，找到吉祥的地方為止。這跟西方數學的或然率擲骰子完全不同，擲骰子只能求擲的方法儘量公正不能做弊，而相宅應該是希望求得幸運的地方營建宅屋，既不陽剛也不柔弱，以求得平安就可以了。後者符合老子的水磁性質。

　　至於方位最早見於《周禮》這本可能是周公相宅之後編的書，在這本書的十一卷中的《天官冢宰第一》、《地官司徒第二》、《春官宗伯第三》、《夏官司馬第四》及《秋官司寇第五》共五卷開章明義都是：

　　「惟王建國，辨方正位，體國經野，設官分職，以為民極，…」。

譯文及解說：

　　周天子建立都城，辨別方向，制定宮室居所的位置，分割城中與郊野的疆域，分設官職，治理天下的人民，使他們都能成為善良高尚的人。

　　辨別方向必須使都城的中軸線要和南北子午線對正，這是我國選都城定正位的要領，分割城中與郊野的疆域也是根據中軸線來決定的。今天的風水業者只要

以指南針（子午針）決定方位就算是有所依據了。

　　5000年前顓頊帝把天下事分別交由重氏族管理天文祭祀，黎氏族管理人間事務。到了約3170年前周公把天下官職分成天官、地官、春官、夏官、秋官、冬官等來管理，因統轄地域大人口增加，這樣的管理是進步的，老子的大史官職也是這時訂定的。

　　當然我們從歷史知識知道《周禮》大概都是周公領導編的。但是在周公之前召公先在洛伊看過風水，周朝的先人公劉也率領民眾看過風水，所以方位實際上和陰陽風水一起在我國出現。周公只不過把她寫入《周禮》，而且指明決定的是周天子的宮室居住位置的憑藉。事實上這應該是自古以來的風水術，而不只是周天子才適用。

六. 八卦的演進

　　《周易‧說卦傳》的「天地定位」段說：「天地定位，山澤通氣，雷風相薄，水火不相射，八卦相錯」與湖北荊門郭店戰國墓竹簡《易之義》中的「天地定位，山澤通氣，水火相射，雷風相薄」相比較，因為「水火不相射」或者「水火相射」都可解釋為相同的意思，所以北宋的邵雍^{註11}認為照《周易‧說卦傳》的說法，應該還有先天八卦圖，也就是伏羲八卦圖存在^{圖3-7}。

　　據傳《連山易》以艮卦為首，象徵「山之出雲，連綿不絕」，所以叫做《連山易》。《歸藏易》以坤卦為首乾卦次之，象徵「萬物莫不歸藏於其中」，因為先天八卦圖中"艮卦"與"坤卦"在鄰接的位置，所以這兩種易可以在伏羲的先天八卦圖看到她們演變的痕跡。《歸藏易》是以南方為「坤」也就是「地」為首，而「乾」也就是「天」在北方。《周易》則以乾卦為首坤卦次之，即流傳至今的《易經》之圖，也叫做後天八卦圖^{圖3-8}。

《易經》是古代占卜的書，據《周禮‧春官宗伯下》記載：

> 「簭（筮或巫）人，掌三易，以辨九簭之名。一曰連山，二曰歸藏，三曰周易。」

譯文及解說：

　　卜筮的人掌管三種易經，以便辨別九種筮師的職責。一種叫做《連山易》，一種叫做《歸藏易》，一種叫做《周易》。

　　西元前2070年以來夏代的《連山易》，演化成迄今3000多年以來商代的《歸藏易》，3000年前又演變成周朝的《周易》。除了《周易》以外，前兩種易只見名目不見內容。其共同點為「其經卦皆八，其別（卦）皆六十有四」。夏朝的易經及商朝的易經雖然失傳內容不詳，但可以以歷史觀點想像必和《周易》有連貫性，而這點也是要探索《周易》爻辭的依據。《周易》相傳是周文王囚禁在羑里時所作

的，但是今天《周易》的文字經過考證後應該是周文王以後所作。

　　伏羲可能是虛構的軒轅黃帝之前的人物，但伏羲的時代應該是像古埃及法老兄妹的血緣婚的時代，但是在我國是屬於母系氏族群體的，就像老子所嚮往的，而不是古埃及的父系。其證據來自伏羲與女媧圖呈現兩人蛇形交纏的畫面。伏羲的誕生在眾多的神話裡，有一個故事是「華胥氏」的姑娘到「雷澤」邊踩到了巨人的足印，感應而生伏羲^{圖3-9}。

《山海經‧海內東經》提到：

　　「雷澤中有雷神，龍身而人頭，鼓其腹，在吳西」

譯文及解說：

　　雷澤之中有雷的萬物有靈的鬼神，她具有龍的身體人的頭，肚子脹脹的，住在吳地的西方。

圖3-9 伏羲女媧圖。

這一篇是西漢末年王莽篡位前（西元前6年）寫的，「吳西」當然指的是春秋時代吳國的西方，所以我們應可推論「雷澤」是在《山海經·海內東經》地處西方的巨澤之一。

《山海經·海內北經》也說有一個「大澤」，這個「大澤」照理說應該要比「雷澤」偏北，該經說：

> 「舜妻登比氏生宵明、燭光，處河大澤⋯」，及「東胡在大澤東，夷人在東胡東」

譯文及解說：

舜帝的妻子叫登比氏，生了宵明和燭光兩個兒子，住在河口的大澤這個地方。

東胡在大澤的東邊，夷人又住在東胡的東邊。

從這些敘述給我們一個印象，就是這個「大澤」可能是沈括看到太行山南麓「銜螺蚌殼及石子如鳥卵者，橫亘石壁如帶」的從我國西北向東南方向看到的巨澤，而較南偏西還有一個「雷澤」可能是巨澤之一，這是伏羲感應誕生地。

為什麼說伏羲與女媧的神話，是5000年前以後我國的巨澤和古埃及的古王國開始形成時的故事，而不是比黃帝更早的故事？因為巨澤包括「雷澤」在內是伏羲先天八卦圖的「兌」也就是西北方的巨澤，而這個巨澤和古埃及王國可能是同時形成的，所以說這個時期應該是顓頊帝命令重氏族與黎氏族分別掌管天與人成為一個有效運作政府的時代。至於女媧的神話，應該表示遠古時代在我國是老子所心儀的母系氏族群體的時代。由此看來伏羲先天八卦圖應該是顓頊帝以後作的，年代不足5000年，而在這個年代的早期在我國是採母系氏族群體生活的。

經過這樣的一番考證，即然伏羲與女媧不是真有其人，而古埃及王國在靠近

地中海的紅海西邊建立王國的時代，同一時代的我國顓頊帝時究竟發生了什麼事？根據今人袁珂的《中國神話傳說》所說的，世界經過好長一段時間都安寧無事，直到有一天神國的一場大戰打破了這個局面。打戰的一方是共工，另一方可能是以下的對象之一：女媧時代的祝融，傳說中的神農氏，高辛（帝嚳），顓頊帝。即然女媧不是真有其事，祝融的事也不應該真的有。神農氏也只能是傳說而已。帝嚳是顓頊帝以後，西元前2070年大禹治水建立夏朝以前不知那一個朝代的帝王。

《淮南子·原道》記載了高辛與共工爭帝的故事：

> 「昔共工之力，觸不周之山，使地東南傾，與高辛爭為帝，遂潛於淵，宗族殘滅，繼嗣絕祀。」

譯文及解說：

　　從前共工以自己的蠻力，碰撞不周山，使得大地朝東南方向傾斜入海，之所以這樣是因為他要與高辛爭帝位沒有成功，於是共工跳入很深的淵海中，宗族滅亡，因而沒有後嗣來祭祀他。

　　這雖是一則神話，但我國古代在沒有文字只憑口說與耳聽傳達意思的時代，講出當時的境物是唯一的選擇。等到後來有了非拼音文字，該則神話已加入了抽象的觀念和當時認為適當的人物及一個故事的細節。但是要講的境物還是那個樣子，只不過後來的人是否能抓住這則神話的要旨則不一定。

　　筆者認為這則共工與高辛爭為帝神話的要旨，是大地向東南方向傾斜入海。而且《淮南子·原道》這一章是該章的作者企圖在文章中指明，老子講水是符合這個故事的上下文的，但是該章的作者所不知道的是老子《大一生水》講的水是水磁，而不是水。

　　最後一個選擇是共工與顓頊爭帝，《淮南子》是西漢漢武帝的叔父淮南王劉

安的賓客們所集體著作的一本書，《淮南子・天文》有與上述共工與高辛爭為帝大同小異的故事，只是帝嚳換了顓頊，如前所述這不影響這則神話所要講的境物，袁珂認為應該是共工與顓頊爭帝，而不是他人。

這個故事寫道：

「昔者共工顓頊爭為帝，怒而觸不周之山，天柱折，地維絕。天傾西北，故日月星辰移焉。地不滿東南，故水潦塵埃歸焉。」

譯文及解說：

從前共工與顓頊爭做帝王失敗了，發怒就頭觸不周山，使得通天的柱子折斷了，地平面凹陷。天傾向西北方，所以日月星辰都向西方而去。大地朝東南方向傾斜入海，所以該流入海中的流入海，該落地的塵埃落下地面。

根據西元70、80年代王充在《論衡・談天》中對天象的解釋：

「…其取喻若蚊行於上焉。…如日能直自行，當自東行，无為隨天而西轉也。…」

譯文及解說：

日（月）與天的比喻就好像蚊子在天上飛。…如果太陽能自行從東方行走的話，則應當自東方開始走，而不是隨著星辰向西方而去了。（與星辰向西方前去的運動沒有關係）

以今天所知道的天文知識來解釋王充時代所看到的天象，因為在地球上某一定點看到的日月向西走比星辰向西走要快得多，所以感覺日月自東而來，星辰走得比較慢的現象，使得日（月）就像蚊子在空中飛一樣，要趕上向西而去的星辰是不可能的。

我國古人的這種先入為主的觀念，就造成了天地自西北向東南傾斜的觀念，

而這正符合我國古代的文明在位於黃土高原的我國西北方發展，而東南方從前是巨澤的地理環境。

共工怒觸不周山，使得我國東南方向凹陷被海水入浸，大川小河的水都往那兒流，於是就成了內海，也就是筆者提到的巨澤。因為我國神話裡有了這個內海，所以接下來的神話有五座神山，也有海神兼風神。時代演變下去，就出現了帝王求長生不死藥的故事，以至於秦始皇派徐福入海求長生不死藥，漢武帝派人求不死藥，進而演變成唐朝的皇帝求助於練丹術。

這個古老的故事傳到老子的耳裡，文辭簡約的老子居然在短短的284字的《大一生水》裡使用了數十個文字談此事，他說：「**天不足於西北，其下高以強。地不足於東南，其上高以強。…不足於上者，有餘於下。不足於下者，有餘於上**」，譯文見附錄，由此可見得老子可能對巨澤的傳說慎重其事。

《大一生水》文中的兩句「天不足於西北」和「地不足於東南」可能是老子在講傳說中的大禹時代之前的海浸形成巨澤，以及到東周時代西北方的巨澤經過海退已經消失成為例如洞庭湖、鄱陽湖等等，所以「乾」也就是「天」的方位逐漸從先天八卦圖向後天八卦圖的西北方與北方兩個方位來回振盪，「兌」也就是「澤」的方位移到正西方。但是「坤」也就是「地」的方位，那時可能隨「乾」在西北方與北方振盪，也在南方與西南方間的方位來回振盪。只有等到老子以後的時代，「坤」才逐漸移到西南方而「乾」移到西北方，成為今天所看到的後天八卦圖上的方位。由此可見得先天八掛圖至遲在2500年前的老子時代還適用於實際地理。

因為遠古的神話是從沒有文字只憑說話傳達意思的古人講出來的，再經過歷代的有心人修飾才有今天的面貌，像這樣對神話的推測，筆者自認為是合理的。

那麼我們可以從以上的推想得到一個合理的解釋，那就是共工與顓頊爭做帝

王的故事指的是顓頊稱帝以前(也就是軒轅黃帝以後)，大洪水時海水曾從我國大陸
的東南方入浸到太行山南麓，與古埃及的老王國建立以前比較起來，因為冰河末期
使得陸地結冰到今天海岸線以下，亞特蘭提斯陸地當時還露在海面上，只是後來有
了大洪水才沉沒在海裡。等到顓頊和古埃及的老王國將要建立國家時，我國東南方
的海水也就是巨澤，和古埃及在地中海海水所淹沒的土地，逐漸因海水開始退去而
陸浮，靠近地中海的尼羅河也開始形成。海退的時間一直延續到西元前2070年前大
禹治水成功的時候，加上之後從太行山南麓退到老子的故鄉，歷時不多於2500年。

　　《山海經》可能是從大禹治水以前的4000多年前寫起的我國地理書，書中每
提到山陰多匹配以山陽，反之亦然。在北緯30度左右有喜馬拉雅山的珠穆朗瑪峰，
因為她是凸出地面的世界最高的山峰，所以是陽，就八卦來說是艮，也就是山。反
之世界最深的海溝在太平洋的馬里亞納海溝屬陰，就八卦來說是兌、也就是澤。已
知最古老的文明所在的尼羅河古埃及，伊拉克的幼發拉底河及底格里斯河，加上我
國的長江，都是跟喜馬拉雅山一樣，接近北緯30度。

　　後天八卦圖可能是北宋末年邵雍等人修正的，距今約1000年。先天八卦圖改
變成後天八卦圖的動機，主要是因為適合我國南方的地理環境。邵雍在洛陽說過：
「從前洛陽沒有杜鵑，現在開始有了，這是地氣由南向北轉移之故。恐怕不出兩
年，朝廷將用南人為相，多擢用南方人士，專務於變更舊制，天下從此便多事了」
（果然於熙寧二年己酉–西元1068年，即以王安石參知政事。同年7月開始變法，以
致天下騷然），這個說法更進一步凸顯邵雍在後天八卦圖的角色。

　　以後天八卦圖來講，南方較熱，所以屬「離」也就是「火」。西方有洞庭湖
及鄱陽湖，所以屬「兌」也就是「澤」，原來西北方的巨澤，現在已變成西方的湖
泊了。北方有黃河，所以屬「坎」也就是「水」。後天八卦圖如果今天拿來應用，

地處東南方海外的台灣島多有地震，所以屬「震」也就是「雷」。就《易經・說卦傳》中的「**帝出乎震，齊乎巽，相見乎離，致役乎坤，說言乎兌，戰乎乾，勞乎坎，成言乎艮。**」這句話來說，顯然符合後天八卦圖的方位，但該圖要等先天八卦圖出現後約2000年才出現。筆者認為就我國座北朝南的習俗來講，「震」在左邊也就是心臟在左邊振動，符合我國遠古以來至老子時代的尊左傳統。八卦圖就像地圖一樣是放在桌面上看的，不應該以為是朝天上看的，而且在天上只有指南針所指的北極星方向與反方向，沒有東方與西方之別。如果要觀察天上的星星，例如在桌面上觀察的話是有左手邊與右手邊之別，胸前屬於凹陷部份。以觀察太歲的星圖為例，12星次是自右手邊向左手邊算起，而太歲星也就是木星行走的軌跡是從左手邊向右手邊算起，長期直接觀察星象的人必須注意這一點。

如果再以我國更南方的台灣島來看後天八卦圖的方位，因為我國北方「坎」也就是「水」，反而缺水，現在南水北運就不缺水了。西方「兌」也就是「澤」，

圖3-7

先天八卦圖又名伏羲八卦圖，可能是商代的《歸藏易》之圖。《大一生水》的「地不足於東南」的句子與《歸藏易》所指的商代的「兌」位於西北方相印證一致。圖中西北的方位是「澤」，也就是本節將討論的大澤。

我國西方有洞庭湖、鄱陽湖等。台灣島的東部多地「震」也就是「雷」，其上有4,000公尺高山自東北方延伸到西南端，東北部有山勢高崇的「艮」也就是「山」，冬季裡阻擋東北季風。夏季有徐徐吹來的東南「風」也就是「巽」消除夏季的溽熱。這只是筆者個人的觀察。

所以說不論研究先天、後天八卦圖，或者《易傳》，都須要做我國文史地理的考察，甚至於做全球的歷史地理探索包括神話在內，才能接近真相。

如果以晚商武丁的王后婦好時代視為母系氏族群體的殘留，我們檢視《周易》的爻辭可看到很多都已改為父系語言。若根據《周易》64重卦，386爻（每卦6爻，乾坤各加一用爻）的爻辭，以及一共450項文句來研究，除乾卦和坤卦為全陽爻和全陰爻外，其他各卦都是「陰中有陽，陽中有陰」。顧頡剛[註12]考證出歸妹卦的一個爻辭：「帝乙歸妹‧其君之袂‧不如其娣之袂良‧月幾望‧吉。」可能是表示周文王娶親的故事。

筆者發現姤卦的一個爻辭：「以杞包瓜‧含章‧有隕自天。」可能是說隕石從天空掉下來，而這一卦名為「姤」字，分開來看是女后。前面已經提過古字的「慈」就是磁石的意思，也是慈愛的母親。古時候沒發現鐵，鐵的來源是隕石。因此從姤卦的名稱和這一爻辭的隕石，應該可解釋為講的是老子的「而貴食母」的母系氏族群體，這和《道德經》67章內容的歷史來源一致。

然而在我國古代的歷史可能是由母系演變成父系的，所以可以想見許多《周易》的爻辭被改得面目全非是可能的，但是這應該不影響《易經》本來的功能，因為《連山易》、《歸藏易》及《周易》的功能本是一貫的，改變的只是同一內涵的說法而已。

這樣說來由於我們發現的姤卦形態，讓我們有可能利用這個知識，在其他的

卦的爻辭上找到同樣可能是母系氏族群體爻辭的殘留。搜尋結果除了姤卦外，其他在屯卦、蒙卦、小畜卦、泰卦、蠱卦、觀卦、大過卦、咸卦、恒卦、晉卦、家人卦、困卦、鼎卦、漸卦、歸妹卦等卦上都有類似的發現。

孔子在「不占而已矣」背熟的卦是恒卦的爻辭：「**不恆其德，或承之羞，貞吝。**」若依照孔子的解釋是南方鼓勵人家要有耐心，才能學做巫醫。也許這是身為北方人的孔子在告誡他的弟子，假使北方人沒有這個耐心的話，是學不來的，或者如果孔子曾做過巫醫，耐心也許是他招收巫醫學徒的條件也說不定。

地震從來就是難以預測的事件，從震卦的文字我們看到「**震來虩虩**」，「**震蘇蘇**」或「**震索索**」等表示地震聲音的爻辭。由此看來，古人對這種天災除恐懼外，也是沒什麼辦法的。

《易經》占卜結果，在應用上有3個變化即《繫辭傳》寫的「**易窮則變，變則通，通則久**」，也就是「變易」、「不易」和「簡易」。宇宙萬事萬物變化不已，所以叫做「變易」，可以說是老子的「自然」之「道」經由「大一」的水磁洄漩流過萬物之經，再到萬物之母的萬物有靈，進入「德」的門坎之前萬事萬物在這裡變化無窮。一旦進入「德」的門坎，「變易」的事物就有規律可循，所以叫做「不易」。在萬物之母內到位就是掌握了「不易」的規律，解決問題就容易多了，因此叫做「簡易」。

假使在「變易」階段不「自然」而亂了陣腳，到了萬物之母就非「不易」而是「易」了，也就是亂，所以不能進入「德」的門坎而到位，這就變成「餘食贅行」或「盜夸」，也就是過飽滿腹、四肢腫脹，強橫無禮了。

我國的象數及八卦是實際根據地理環境變遷或天文的變化，得來的加一倍法演進而來，與西方的泰勒斯和畢達哥拉斯，從古埃及的數字觀念和聳立的金字塔外

形，得到的幾何印象觀察而來是不同的（事實上古埃及早已有幾何觀念），像這樣東、西方的方法比較之下，其區別一目了然。因此西方今天的數字是由0、1、2、3、4、5、6、7、8、9依序組成，而在我國是由《連山易》的9個數字第一組一、二、三、四，第二組六、七、八、九，以及中土的五組成。《連山易》是艮卦為首，數字配以第二組之首六。《歸藏易》是坤卦為首，數字配以第一組之首一。換句話說，西方的數字與我國的數字其代表的意義之分別，西方的數字應該是不憑藉他物而以肉眼目睹為憑，我國的數字代表的是廣袤的外在環境。沈括說的「然數有甚微者，非特曆所能知，況此但迹而已」，就是代表在我國古書裡談到的數字是肉眼所不能親睹的意思，只有用概念去衡量，這點可從我國的山水畫得到證實。所以除了磁以外，不然應該是什麼呢？

圖3-8
後天八卦圖中原來西北方的「兌」、也就是大澤，已被「乾」、也就是「天」取代。大澤變成「澤」，也就是「兌」，並且移位到正西方。

註11 **邵雍**（1011-1077）北宋時代隱士，邵雍說他認同1500年前的孔子，並沒有提到老子思想，傳世的後天八卦圖可能是由其確認，推測他可能知道“天關”這顆SN1054超新星爆發之事。邵雍在洛陽居住時曾與司馬光、程顥交往，歐陽修曾推薦任官職，但是邵雍推辭不就。程顥之弟程頤，可能追隨邵雍學習過，但無法得到邵雍思想的真髓，程頤後來成為宋朝理學創始人，但是與老子思想背道而馳，這或許是孔子誤解老子的「道」，以至於後世產生的後遺症吧。

註12 **顧頡剛**（1893-1980）原名誦坤，字銘堅，江蘇蘇州人，中國歷史學家、民俗學家。古史辨派代表人物，也是中國歷史地理學和民俗學的開創者之一。

七. 想像老子在東周京畿

　　自從帝堯的兩個女兒娥皇及女英與帝舜結為眷屬後，帝堯年老了就把帝位禪讓給舜帝。大禹因為治理洪水得到成功，帝舜年老了也學他的前任也禪讓帝位給大禹。於是治水有功的大禹在西元前2070年建都在嵩山東南方的高地陽城，等到大禹也年老了把帝位禪讓給伯益，伯益是他治水的功臣，但是大禹的兒子啟在大禹死後雖然遭到扣留，卻能從拘禁中逃脫。後來啟殺了伯益取而代之稱帝，因而延續了夏朝470年的統治。

屈原（西元前340-278年）是戰國時楚國的愛國詩人，他在《楚辭‧天問》裡作了以下的史詩：

> 「禹之力獻功，降省下土四方。焉得彼涂山女，而通於台桑？閔妃匹合，厥身是繼，胡維嗜不同味，而快朝飽？啟代益作后，卒然離孽，何啟惟憂，而能拘是達？皆歸射鞠，而無害厥躬；何后益作革，而禹播降？啟棘賓商，九辯九歌；何勤子屠母，而死分竟地？」

譯文及解說：

　　大禹盡了全力治理洪水，走遍四方各地。怎麼會遇到涂山國的姑娘，而大禹就和她結合於台桑？愛憐自己和涂山姑娘的結合，是為了有子孫才如此做，為什麼大禹的嗜好與眾不同，只是為了滿足一時的歡樂？啟想要做天子，沒想到忽然遭到了拘禁，為什麼啟已被扣留，卻又能從拘禁中逃亡？反叛成功後伯益的部下向啟交出武器，因而對啟無所損傷；同樣是禪讓為什麼在伯益失敗，而大禹的血統能傳遞下來？夏啟這時做了一件好事，他急急忙忙朝見上帝，把九辯九歌都帶回地上；為什麼啟的出生傳說是從涂山氏因為害怕看見變成熊的大禹而昏厥，才從變成石頭的母親肚子裡生出來的呢？

　　屈原因為得罪楚懷王被長期放逐到楚國的南方，在長期不得志的環境下作詩舒懷，等到秦國攻破楚國的郢都時，消息傳來他自投汨羅江而死，我國每年的端

午節就是為了紀念他的節日。

《楚辭‧天問》應該是屈原被長期放逐後的作品，他在這首詩中提了170幾個難以回答的問題，內容包括天地萬物、人神史話、政治、倫理、道德。時空跨越史前到春秋，並借題發揮。屈原可能是在自己覺得才能不能發揮，以至於對楚國絕望的心情下，才提出沒有人能回答的問題，藉以表示他還有智慧，但是這種智慧抵不過他關懷他的祖國的情操，所以他終於投江自殺了。

我們可以看得出來屈原的《楚辭‧天問》問的是傳說中的人類活動的史詩，以及大部份是後世的司馬遷《史記》記載的文字史之前的歷史疑問。屈原之前200多年老子在《道德經》以及《大一生水》，講的是老子親身經驗到的或想到的「道」，以及與人相處而發生的「德」或「非德」的問題，當然還包括老子不平凡的經驗。因為老子是在我國古代社會中成長的人，他的智慧就足以了解到傳說中洪水的意義以及陰陽和八卦，雖然他對八卦不置一詞。老子應該後來才知道磁石的存在和他的想法有同步的關係，只不過他不知道這個關係是由何而來？

話說回來，大禹是位勞苦功高鞠躬盡瘁的人，他治水13年經過家門只停留短暫的時間就又出去治水。為了這個理由所以涂山氏的女兒便要求跟隨，後來就搬到河洛地區的轘轅山（今河南偃師縣東南），啟出生的神話就是發生在這裡。從《楚辭‧天問》我們能了解古代發生過什麼神話，而這則神話追蹤下去會牽涉到什麼地方什麼人？這個地方和人與我們的研究有什麼意義？筆者就是這樣應用神話來了解古代的事，相信還沒有考古證據以前，這是應用神話的好方法。

到了夏啟可能天下已安定，那時分封的諸侯就如後世的司馬遷所說的：「此天下之中，四方入貢道里均」那樣，讓天下的諸侯來朝貢。天子只住在洛伊地區，偶爾巡視四方，除了不能搬動的水由當地的洛伊兩水供應外，所需要的給養財貨都由四方諸侯供應。

這種情形可能維持了約1000年，直到周公相宅於洛伊地區，而把相中的地方建立宮殿叫做成周，原來的鎬京仍維持原首都的地位。

到距夏代開國以後1300年，周平王因為鎬京被犬戎所佔據，於是在晉、鄭、衛、秦等諸侯的護送下，搬回周公相宅的洛伊宮殿居住，開始了史上的春秋時代，是為東周。

100多年後傳到周惠王，王子頹在5大夫的擁戴下發動叛亂，盤居宮中。周惠王逃到鄭國避難。後來鄭國、虢國聯軍打敗王子頹平叛勝利，鄭厲公在宮殿正門設宴慰勞受戰亂之苦的周惠王，為了給天子助興還動用了全套舞樂，宴會氣氛異常熱烈。周惠王感激鄭國平叛有功，將虎牢關以東的地方賜給鄭國，賞賜了王后用的銅鏡給鄭厲公。王室安定後周惠王心情格外舒暢，就到虢國巡視，虢公熱情歡迎天子駕臨，特別在風景秀麗的地方為天子設了一座豪華行宮，周惠王將酒泉地方賜給虢國，還送了一把酒爵。

約於老子出生前72年，到了下一位周天子周襄王，王子帶率領戎人攻入王城，戎人入城後，燒殺搶掠，城內宮室殿堂遭到嚴重破壞。13年後王子帶又勾結狄人再次攻入王城，王城破壞更加嚴重無法居住。周襄王平定叛亂之後決定放棄「成周故城」，另建新都取名「東周王城」。

周襄王新建的「東周王城」位于舊都的西面，北靠邙山，南臨洛水，西靠澗水，東鄰今洛陽市金谷園、西工小街、工農鄉下池村一線，史稱「東周王城」。

又過了4年，晉國和楚國在山東城濮進行了一次大規模的會戰，史稱城濮之戰，這個戰爭加強了晉國的地位，戰後不久周襄王會盟諸侯，並正式冊封晉文公為霸主，隨後訂立盟約，規定「諸侯必須輔佐王室，不得互相傷害，違約者，受神靈誅滅，並株連子孫，滅亡其國，不得復生。」

「東周王城」做為國都共計120年左右，其間曾被大水沖毀，因為獲得齊國

的協助而重新修建。

在西元前525年老子破前人之例地留下對該年日蝕的語言記錄，在這前後50歲左右的老子在「東周王城」或「成周新城」跟20幾歲的孔子見了面(老子生於西元前576年，孔子生於西元前551年)。到了西元前520年碰到周王室為了爭奪王位，引發雙方在狹窄的洛伊地區做劇烈的政治鬥爭，老子恐怕只有選擇正統的一邊跟著東奔西跑了，這樣的鬥爭先後持續了14年。

到了西元前281年東周最後一位天子周赧王因為楚國要攻打東周，東周武公游說楚令尹昭子說：「西周（這時東周面臨滅亡，已分裂為東周與西周）之地絕長補短，不過百里。名為天下共主，裂其地不足以肥國，得其眾不足以勁兵。」這段話筆者在這裡提出的目的，不過是要表明東周王室實際控制的土地只是方圓不足百公里的狹窄地區而已，其他地區自從周王室東遷洛伊地區以後，早已不在控制之中。

老子在東周王室的苦難，事情的原委是周景王要廢立正妃兩個兒子中原為太子的長子猛，另立庶長子朝為太子，大臣單旗等人反對。西元前520年周景王自知將死，乃以大夫賓孟為顧命大臣，遺詔傳位於王子朝。周景王卒，單旗及大夫劉卷認為若立王子朝，必然失去權勢，於是派刺客刺殺了顧命大臣賓孟，立太子猛為王，是為周悼王。單旗和劉卷違反先王遺詔，刺殺顧命大臣，引起滿朝文武的憤怒，尹文公、甘平公、召庄公集合家兵，以南宮極為帥，攻打單旗和劉卷。周悼王雖命令平叛，但因為不得人心，劉卷率領的王室軍隊很快被擊潰，周悼王一日三驚，當年冬天就過世了，單旗和劉卷擁立周悼王同母弟弟為王，由新立的周敬王率領隨從逃出洛邑並向晉國告急，老子也理當追隨這一隊逃亡隊伍。

王子朝被諸大臣另立為王後，晉國接到周敬王求救的訊息，於是派遣大夫籍談、荀躒率領軍隊渡過黃河直逼洛邑。王子朝見晉師威猛無法取勝，於是帶了

101

百官遷居於今洛陽西南。等晉國的軍隊撤退後，王子朝率軍攻打「東周王城」，周敬王派兵迎戰，然而他的軍隊不戰一擊，王子朝再入居「東周王城」，周敬王再逃到一個叫做狄泉的地方，老子也理應跟著逃到這個地方，對於像這般世間俗事，老子一定在想怎麼會這樣呢？就這樣老子跟周敬王的人馬在狄泉呆了3年，而老子大概也跟著勞動老骨頭做防禦工事，沒時間也沒有設備編他的《道德經》及《大一生水》，但是老子可能在這個地區有奇遇。

要知道在那個時代的我國編簡冊不是只有想法就可以編的，還得找人幫你刻在竹片上，不像同時代的古埃及，他們早已有紙莎草紙可以用來書寫，我國要到東漢才有宦官蔡倫用樹皮、麻頭、敝布、魚網等造紙，於西元105年奏報皇帝。簡冊編好了還得有地方存放，在那個陣地應該沒有固定的場所讓你放東西。

但是前蘇聯的天文學家柯易列夫（Nikolai Kozyrev 1908-1983），年輕時被送到西伯利亞集中營勞改，經過10年後繼續作天文工作，到了拘禁第22年他才完全獲得釋放。他把在集中營冥想的經驗結合釋放後從事天文工作得來的令譽，開創了繞場、Torsion Fields 這門學問，和正統物理學、心理學打對台。不知道老子當年那個時候是不是同樣有這種想法？

西元前516年老子已經61歲，王子朝的大臣召庄公及將軍南宮極相繼去世，因為在東周的轄地長期對抗，與其派兵馬交戰不如散佈謠言以瓦解對方的軍心來得有效，周敬王先散佈謠言，又再次請兵於晉國，晉國派大夫荀躒率領軍隊入王城，王子朝率眾抗拒，城破，王子朝率尹文公、召庄公之族等人逃奔到楚國居住，老子又跟周敬王從狄泉再次回到王城，王子朝之亂暫時平定。有人認為因為王子朝攜帶周之典籍奔楚，所以老子做大史時已沒有西周以前的典籍可用，筆者認為王子朝逃命到楚必不至於攜帶典籍逃亡。

如果以《道德經》的文詞有的重復來講，這表示這本書是花了相當長的時間才完成的，其原因可能是因為宮廷的混亂有以致之。《大一生水》的內容完整思維清晰，應當是老子搬到後來興建或改建的「成周新城」後才寫的，而且這一篇只傳給少數好友私下看，因為內容開章明義講的是今天的水磁的意思，一般人不容易懂，怕會引起誤解。老子發現孔子跟他談話時就誤解了他的意思，但是老子也不好說什麼，漢朝的老孔會面的畫像磚，就顯示清癯的老子好像不太情願地跟肥胖的孔子打招呼。

周敬王從狄泉住回王城以後，老子才有充裕的時間編《道德經》的主要部份，《道德經》38章最適合說明老、孔會面後，老子恐怕耽擱了相當時間才編下他心中對孔子的評語，可惜孔子不知道，原文及譯文如下：

《道德經》38章：

> 上德不德，是以有德；下德不失德，是以無德。上德無為而無以為；下德為之而有以為。上仁為之而無以為；上義為之而有以為。上禮為之而莫之應，則攘臂而扔之。故失道而後德，失德而後仁，失仁而後義，失義而後禮。夫禮者，忠信之薄，而亂之首。前識者，道之華，而愚之始。是以大丈夫處其厚不居其薄，處其實不居其華，故去彼取此。

譯文及解說：

上德的人的罔兩是自以為無德，其實是真正有德。為什麼這樣說呢？因為「大一」水磁洄漩的流通，必須要下游的德也疏濬。下游的德要疏濬，就必須保持萬物之母的水磁穩定。最好的保持穩流的方法是既不稱自己無德，也不稱自己有德。同理，下德的人的罔兩是做了許多事卻不能安心，生怕還有什麼事遺漏了沒做。上仁的人的罔兩是做了許多事，卻自以為「大一」的水磁洄漩流通，沒有

什麼可擔憂的，但其實不見得流通。上義的人的罔兩是做了許多事，卻自以為還有事待做。上禮的人的罔兩是如果施了禮而得不到禮尚往來，就不惜伸出手臂來引著人家強於就禮。所以說「大一」的水磁不通才能談到德的罔兩，失去了德的罔兩才能談到仁的罔兩，失去了義的罔兩才能談到禮的罔兩，這樣才能算是「自然」。禮的罔兩其實是忠信不足，混亂也就隨之而來。（那個人）以為禮是我講的「道」的精華，其實這只不過是愚昧的開始而已。所以大丈夫立身處世要敦厚而不磽薄，要腳踏實地而不追求精華，得小心選擇才是。

看來老子在這兒消遣了孔子一番吧？

到了西元前509年老子68歲，鑑於王城已因戰亂毀壞不堪，周敬王在晉國的支持和幫助下，各諸侯紛紛出動工匠、民工及士兵在今洛陽白馬寺東邊2公里附近修建王城，只用了30天就竣工，或者因此改名為今「成周新城」，老子這才有固定的地方辦公了。

「成周新城」位於周公相宅的宮殿東面，具體的位置大約北至邙山，南達洛河，東至今寺里碑，西距今白馬寺2公里，成周漢魏洛陽故城就是在「成周新城」的基地上建立起來的**圖3-10**。

西元前505年王子朝在楚國被周敬王派人暗殺而亡，次年王子朝的餘黨儋翩在東周做亂，鄭國助之，魯國奉晉國之命討伐鄭國，晉國以大夫閻沒率軍入王城，幫助周敬王戍守，到了冬天儋翩率眾起事，周敬王倉皇逃到姑蕕，老子也理當帶了他自己未完成的著作出奔後來叫做周邑的地方住了一陣子。第二年晉軍得勝，迎接周敬王一行人回到王城，相信老子自然在其中，然後晉軍又攻取叛軍控制的今孟津附近，至此王子朝之亂才徹底平定。73歲的老子終於不再被迫遷移而能繼續編他的簡冊了，與傳說中他很老才騎青牛出北方的函谷關的故事年齡相匹

配，而這也進一步證實他當的大史是個世襲官兒。

若以東周遷都到洛伊地區的春秋時代來比較同時代的古埃及，則古埃及還是2000多年來深色皮膚的法老統治的末期，他們廟宇裡的僧侶還是將人民分成死後不朽的識字階級以及不識字的奴隸階級兩種人，這兩種人的溝通是有限的。反過來看我國的東周，雖然東周王室的活動無形中被限制在不足100公里的狹長地區，但是名義上東周王室還是統治著全中國，諸侯們還是盡其可能盡量擴張，兩者互不衝突，我們還看到東周王室有來自內部的叛亂時，大抵諸侯還是支持名義上正統的一方，但是他們的支持態度是應付了事，總算面子上大家過得去。並沒有古埃及將人民分成利益絕對會衝突的兩個階級。法老管理人民的辦法就像鯀以息壤圍堵洪水所以失敗，而在我國東周王室和諸侯、或諸侯和他的人民的關係，就像大禹治水採取疏浚的辦法，所以治水能成功，東周的歷史也能延長到戰國時代。

洛阳伊洛河盆地五大都城遗址及中轴线方位图

圖3-10
老子上班的東周王室應該是在「成周漢魏洛陽故城」的白馬寺東邊2公里附近。（圖片來源：感謝翟智高先生惠賜圖片轉載）

八. 我國的太歲星次與古代的占星

正如前言說過「天、人、地」的關係才適合我們人類在宇宙間的實體處境，以天象的實境來講，在北半球的人除了南北方向能依星象推測或使用指南針知道外，位於我們頭上的天象如果想像是從左到右，則這個天象如果要擺在桌面上來看，必須以從右手邊到左手邊來顯示才能明白。換句話說往月球探險的人，在宇宙中個人只有左手邊與右手邊的分別，並沒有東、西方向的分別。為了與現代地圖比較，我們有需要將桌面上擺的八卦圖註明東方在右手邊，西方在左手邊。桌面上的星象圖或顯示器上的星象圖，則以木星（Jupiter）向右手邊旋轉（黃道Ecliptic右旋），找眾恆星則依天赤道（Equator）向右手邊或左手邊算起皆可。

木星圍繞太陽公轉以現代的天文知識來講是一週11.86年，我國古人將陰曆的一年分成12個月，這樣還不能配合四季的寒熱變化，所以在每隔4年再加一個閏月以做補救，就是為了木星公轉週期沒辦法符合預設的歲陰、太歲與天干的關係。

在我國木星又叫做歲星，既然歲星每年所對應的星象理論上不能準確，則有必要假設一個太歲分成12星次，來對應於每一年以方便人間使用。天上有真正的12星次，但是太歲的12星次並不符合實際的12星次，因此造成了太歲超辰現象。那麼太歲星超辰最關鍵的星次是怎麼訂定的？對於這個問題引起了筆者探索12星次的動機。

太歲12星次分別是星紀、玄枵、娵訾、降婁、大梁、實沈、鶉首、鶉火、鶉尾、壽星、大火、析木等12種。碰巧得很老子的水磁與人們的作為到後代演變成占星與國家興衰的關係之預言有例子可循。

春秋時代鄭國占星者裨灶記載魯昭公10年正月（西元前532年）婺女星突然出現了一顆客星，他就根據星星對應於地上的春秋列國的位置做出預言，講出了

一番天上的星星對應於地上的春秋列國之間的事。

《春秋左傳》記載：

> 「傳十年（也就是周景王13年，因為左傳是魯國人左丘明著作的，所以他
> 用魯國國君的年號），春，王正月，有星出于婺女。鄭裨灶言於子產曰：
> 『七月，戊子，晉君將死，今茲歲在顓頊之虛，姜氏任氏，實守其地。居其
> 維首，而有妖星焉，告邑姜也。邑姜，晉之姒也。天以七紀，戊子，逢公以
> 登，星斯于是乎出。吾是以讖之。』。」

譯文及解說：

第10年的春天，在正月，有一顆妖星出現在婺女星（織女星）的夜空。鄭國
的裨灶對子產說：「七月戊子日，晉國的國君將過世，今年的歲星在天上對應於
顓頊帝的虛的夜空，邑姜和任氏（姜姓的齊國和任姓的薛國），實際上居住在地
面上的這個地方。在玄枵星次最明亮的枵杖末端附近，出現了一顆妖星，這是對
邑姜（齊國始祖姜太公的女兒，又是晉國始封之君唐叔的母親）的警告。邑姜是
晉國的祖母。七月戊子日，適逢天地的特殊時機，因為妖星出來了，所以我占星
才知道這件事。」

根據《春秋左傳》記載晉平公死於當年七月戊子日。

西元前532年的歲星（木星）在玄枵之次（玄枵之次本來是指枵杖形的以織
女星等於Vega，虛宿一等於Sadalsud，危宿一等於Sadalmelik或Sadal Melik，危
宿二等於Baham，危宿三等於Enif形成的一枝古代的木枵杖或竹枵杖形狀，枵杖
把手星色不亮，但尾部著地端是明亮的織女星。在星象圖或夜空要尋找她的時
候，可以先找明亮的織女星，然後再找明亮的成一直線的3顆星集團，也就是河
鼓三、二、一等於Tarazed或Reda、Altair、Alshain。然後自織女星劃一條直線經

過河鼓3顆星集團的左方與下方的虛宿一、危宿一、危宿二、危宿三連接，這就形成玄枵。玄枵是黑色的枵杖的意思。

婺女就是織女星的意思，在玄枵、黑色的枵杖裡頭，虛宿居於中間，就是中間空虛的意思。有一顆妖星出現於婺女星、也就是M57超新星。

約到了戰國時代（西元前475-西元前221年）玄枵變成了織女星和虛、危兩宿相提並論，席澤宗注意到成書於唐朝的《開元占經》提到戰國時代的占星者甘德注意到木星的衛星的史料。

《開元占經》裡甘德說：

「單閼之歲，攝提格在卯，歲星在子，與婺女、虛、危晨出夕入，若有小赤星附於其側，是謂同盟。」

譯文及解說：

應該是歲陰為單閼，前一個歲陰攝提格本來應該屬於寅卻輪到卯，照說歲陰為單閼那麼太歲就應該是卯才對（也就是說指定為歲星的木星照說應該屬於卯），這個時候規定與歲陰相反方位的歲星（木星Jupiter），卻在天空中跑到婺女、虛、危（也就是玄枵）的空中（所有歲陰、太歲、天干都是想像的，木星和玄枵卻實際在天空中），玄枵在清晨看得到，沒到晚上看不到。這時木星旁邊有顆小紅星在她的旁邊，這就叫做同盟。

我國古代為了將天上星星的運行實際應用在人間事務，將歲陰、太歲、天干等名詞依須要各規定一個規則，只有木星實際在天空中的位置叫做該年的太歲。筆者在桌面上看星象圖，木星是從左手邊到右手邊走。這些虛構的太歲是從右手邊到左手邊走，也就是太歲的12星次從右手邊向左手邊走。

由於觀察巨大的天體不同於觀察微小的物體，例如以顯微鏡觀察標本，何

況古代只能用肉眼觀察，所以歲陰、太歲、天干所定的規則不能以木星在天空中實際的位置證實，因此出現了甘德所看到的現象，但是他倒發現了木星的一個衛星。

玄枵的織女星由原本的老子以後春秋時代的婺女，到甘德的戰國時代變成嫛女，而組成玄枵的成員還是本來的成員，只不過是婺女在2、3百年之間改成嫛女，由此可以證明筆者假設玄枵是天上黑色的拐杖頭，指向明亮的枵杖尾是合理的。而作為周王室柱下史的老子可能是看到M57超新星爆發的人，他依職責把找這團超新星的路徑叫玄枵，可惜這份正式紀錄今天沒能保存下來。從連接明亮的枵杖尾織女星，到後來命名為虛宿一、危宿一、二、三的暗色的拐杖頭，這就是當時占星者尋找這團客星的方法。玄枵也被別的占星者引用作為12星次的名稱之一。

春秋時代約於M57超新星爆發後，魯國有一位老子時代的占星者兼大夫梓慎，談到了M57超新星爆發的前12年，正好是魯襄公29年（西元前544年）時，使用了玄枵星次和女、虛、危的名詞。我們知道老子是東周王室的大史，他的責任是負責觀察及報告星象的，比起諸侯各國的占星者不負實際責任而且信口開河，顯得老子慎重其事。因此我們可以設想是老子看到M57超新星爆發了，他在官方還沒宣佈以前只能在《道德經》寫下「**知其白，守其黑，為天下式。**」（也許東周王室根本沒有公開宣佈這回事，從漢代以後不准民間私習天文可見一般），但是從老子那裡同一時代的占星者，如裨灶與梓慎還是很快曉得老子所定下的玄枵星次，而且追加完成12星次。女、虛、危的名詞和後來其他星宿的名稱，也有可能是後來占星者追加的。

《大戴禮記‧夏小正》一書講的是4000年前夏代先民過農民生活的實用書，

其中有兩個季節提到了織女星如下：

「七月…漢案戶。漢也者河也。案戶也者。直戶也。言正南北也。…初昏織女在東鄉。」意思是說河鼓一、二、三星在南北成一直線，通過銀河連接到織女星（婺女星）。

「十月…織女正北鄉。則旦。織女星名也。」意思是說北方是織女星。

《夏小正》的「五月…初昏大火中。大火者心也。心中。」，「五月大火中。六月斗柄正在上。用此見斗柄之不正當心也。蓋當依依尾也。」及「九月內火。內火也者大火。大火也者心也。」指的是心宿二早在4000年前就已經知道了。也許當時的人看到南半天有M4超新星爆發，才注意到後世命名為心宿二附近的這顆星。

雖然《夏小正》有「四月…初昏南門正。南門者星也。歲再見。壹正。蓋大正所取法也。」及「十月…初昏南門見。南門者星名也。及此再見矣。」兩段關於南門星的敘述，但是我們從上一段的「五月大火中。…蓋當依依尾也。」得知尾宿五在南方的心宿二之南，而南門二則在南方尾宿五的更南方，由是得以知道《夏小正》的南門星就是南門二。至此讓我們恍然大悟4000年前我國的人民就已經知道靠近南方天空的南門二。

我們還知道《夏小正》另外提到參、昂等星宿的名稱。

我們能夠得知6500年前黃帝與蚩尤的逐鹿之戰後就已經知道北斗七星，看來不具名修的《大戴禮記‧夏小正》還能夠存真呢。

我國古代對星星具體的認識可能是從北斗七星開始的，雖然只有斗柄的指向被用來指示季節的變化。安徽含山凌家灘遺址發現的4500年前墓地中的玉龜，背腹兩片各鑿有六個洞及單一洞，也不必管她的用途是什麼，這些洞代表北斗七星

應無疑問。或者說我國的文字是先民從天上星星的分佈得到的靈感，就在地上畫了起來，而後演變成標示在器物上。只因為當時文字還沒有發明，而口頭說話的語言稀少，還沒有進步到能用以表示天上星星分佈的特色，後來只好以像玉龜這種器物用來表示，因此演變成占卜的用具。

2500年前老子發現的玄枵星次，可能得力於祖先流傳下來牛郎織女的故事以及《夏小正》的織女星與「七月…漢案戶」的記載，當然還有老子的大史職業負責觀察星象以及看到M57超新星爆發。

玄枵星次就是在夜間的天上畫一個枵杖頭不亮，而末端是明亮的織女星來尋找外，也還能夠從夜空中位於天空兩側的大角與鶉火的兩顆黃色大星，與居於其間且向南成150°夾角的黃色大星（角的頂端也有一顆白色大星）找到大角星與鶉火星次，其餘的星次名稱或許還能憑甲骨文來辨認，但是僅部份相似而已。

筆者起先不太明瞭我國的歲陰、太歲、天干等想像中的名詞，企圖對其他所謂太歲星次定位，基本假設是我國的文字是先民先從星象的分佈中得到的靈感，從而拿起竹枝在地上就地畫了起來。在普通解析度的星象圖中類似只能看到編號M開頭的星象圖的解析度，除了玄枵很明確外，觀察黃色的大角與鶉火星次在天空的兩旁，再從大角的南半天找到後世名為心宿二的大火星次（大火與鶉火兩個星次的名字都有火字）**圖3-11~3-14**，但是如果用更高解析度的星象圖，就不容易辨認。

兩河流域巴比倫的12星座符號是以星星分佈的形狀來決定的，只不過他們將這些符號當作字母用，不像我國的玄枵與大火是以會意來尋找星次。

鶉首　→

鶉火　→

鶉尾　→

壽星　→

大角　→

析木　→

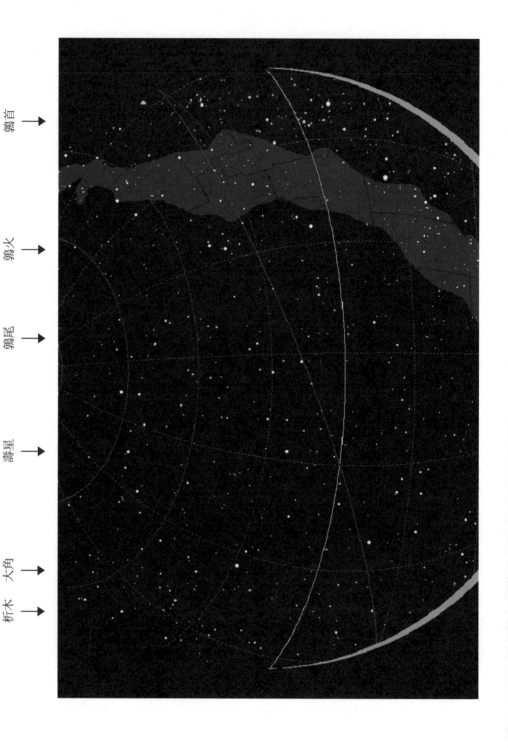

圖3-11

　　本星圖是以古人肉眼能看到的星星為觀察對象，其取得的方法是以knoppix 4.0.2軟件
KStars按下滑鼠左鍵，然後以銀幕擷取程式.png蓄存而得。本星圖是以肉眼觀察星象，向
下的箭頭垂直指向箭頭上方的星次。白線是天赤道，紅線是黃道（太陽系行星繞日公轉的
軌道）。我國位於天赤道的北方，所以能看到的12星次大都在天赤道附近，除了北斗七星
靠近北極及心宿二在天赤道的南方外（心宿二的大火星次在本圖未顯示），12星次的大
部分都可在天赤道附近找到（辨識天上星星分佈的方法，以12組名稱代表全部星星的分
佈），但是天赤道和黃道只是想像的界標，實際在觀察星象時沒有界標（以下星圖筆者檢
視的方法是從左手邊到右手邊）。

　　本星圖中北斗七星的斗在本圖中北極附近中央偏左的地方（依照箭頭所指向的方向
來講）。如果把水平中間線自左算起成4份，1/4處的黃色大星是大角星（大角星將在文
中詳述）。大角星和2/4處的黃色大星與3/4處的黃色大星的連線形成-150°的夾角，而且
2/4處的黃色大星與其下方的白色大星構成夾角的屋頂。這個夾角與屋頂是在北斗七星的
斗之前方與標示為鶉尾之間的向下垂直線的北天，靠近白線的天赤道附近。因為北斗七
星的斗的形狀類似甲骨文的壽字，所以北斗七星下面叫做壽星星次。與大角星一起構成
跨越北半球水平線的3/4處的黃色大星，稱為鶉火。鶉鳥是短尾短喙鳥，鶉尾在壽星與鶉
火之間，但是比較靠近鶉火這一側。鶉首是4/4處一排星星呈眼睛狀排列，而且球面的上
半部斜向上方不遠處有一顆黃色大星圍繞以眾星，合而成為鳥首狀，《尚書・虞夏書・堯
典》應該是把3/4處的黃色大星的鶉火叫做星鳥。右邊南方最大的白色大星是天狼星，在
其上靠近右邊的白色大星及其周圍的白色星群是獵戶星座的星星（本圖及以下星象圖使用
kde・edu・org的KStars在knoppix 4・0・2作業系統操作）。

卷三 磁文化的歷史演繹

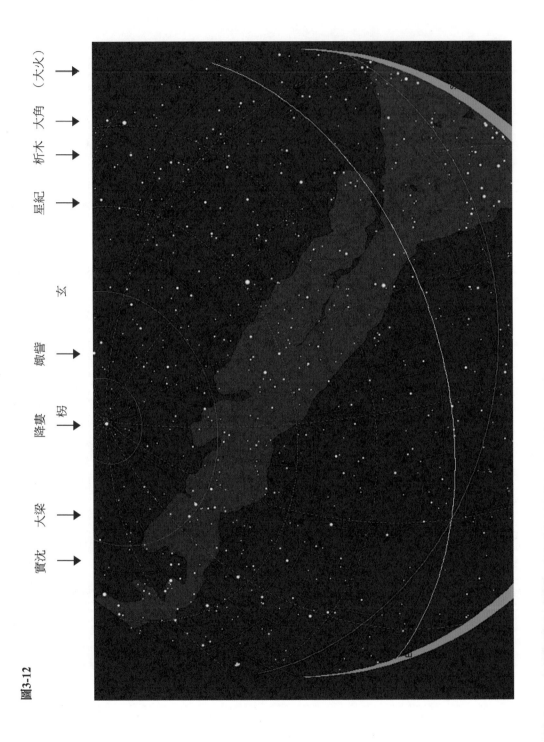

圖3-12

實沈 大梁 → 降婁 → 娵訾 → 玄 星紀 → 析木 → 大角 → （大火）

　　本星圖是以古人肉眼觀察為準。在中緯度2/3處的白色大星是織女星。3/3處天赤道南方沿右手邊緣陳列的黃色中型星是大火星次的心宿二（在黃道之南 α 星，又叫 Antares，又叫天蠍星座），在大火星次北半球的黃色大星是大角星。依次自左手邊向右手邊的星次是實沈、大梁、降婁、娵訾、玄枵、星紀、析木、大角及大火。實沈的沈字甲骨文像兩個人扛一具神轎（古代也許沒有神轎可扛，也許是抬一隻大鳥，但是因為太大隻了，所以必須面對面抬起來）。大梁的梁字甲骨文是一具牛犁向著一條溪水，在這個星次確實有一具骨製的耒或後世的牛犁左手邊面對一條像溪水的東西，尤其耒的柄由三顆黃色的星星排成一行特別醒目。降婁的降字甲骨文是三面旗子在一枝旗桿上吹向右手邊，左手邊是一位站在一個圓圈的人，這個星次雖也有類似一枝旗桿綁了三條像旗子的東西，但是卻吹向左手邊。若根據1942年長沙子彈庫墓地遺址出土的《楚帛書》上繪有多個奇獸圖像，而每個圖像旁都伴隨楚文字，因此學者一般都認定圖旁的文字代表每月月神的名字，而圖像則是當月月神的名字。若根據漢朝儒者更改可能是孔子編修的《爾雅·釋天》上所列的十二月神，則一月的月神叫做「陬」，我們可以想像12星次的娵訾的娵應該是一月神的「陬」。《楚帛書》一月神的圖像像解剖學上人類的胃，而在**圖3-12**星象圖上標示在娵訾正下方織女星左邊也彷彿可組成胃的形狀。明亮的織女大星連接枴杖頭的直線路徑近似平形於河鼓三星的左手邊，連接的第一顆星在天赤道的南方，第二顆星恰好落在天赤道上，第三顆星較明亮位於第二顆星的北方，第四顆星位於第二顆星的北方之北，造成枴杖頭形成位於天赤道上的斗狀，而斗的開口向右手邊**圖3-13**。星紀的星字甲骨文是一個土字兩旁各夾一個圓圈，在織女大星右手邊有兩個南北向連續不完全圓形群星組成的形狀，其涵意可能是指星紀的星字。因為南方心宿二附近的超新星最少在4000年前爆發，而當時的其他正在成形的星次都位於天赤道的北邊，因此大火星次被劃在南方，而且在大角之下。2150年前我國的太史司馬遷就指出天之經（相當於天赤道）是不動的，天之緯（相當於黃道）是5星所走的路線，出入有一定的時間，所經過的星宿有節度。近代用儀器觀察星象或者本星圖所用的這兩條天赤道及黃道線，對於以肉眼實際觀察星象的人來說是沒有必要的。

玄栌

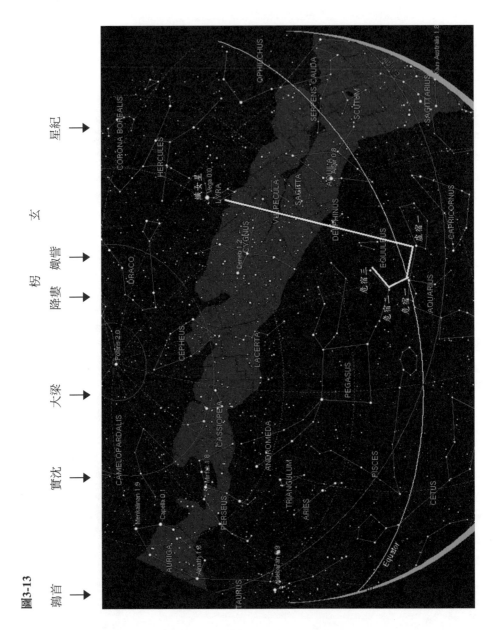

星紀 →

娵訾 →

降婁 →

大梁 →

實沈 →

鶉首 →

圖3-13

　　為了讓讀者能用心查看老子找到的玄栌星次，本圖以黃色粗線畫出表示玄栌。中間水平線左邊眼睛狀球面前的黃色大星及數顆白星集聚是鶉首星次，淺灰藍色的右下角向左上角走向的區域是天上實際的銀河。

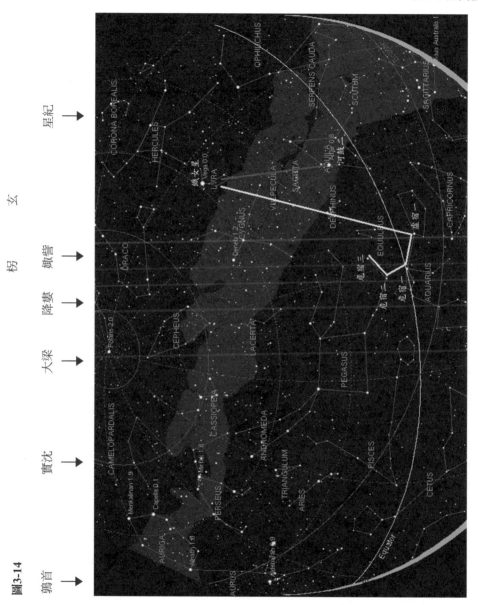

圖3-14

除了黃色粗線表示玄枵外，4000年前織女與牛郎故事的意象，是由紅色粗線連接織女星與河鼓二星，這表示跨越銀河的每年陰曆7月7日喜鵲橋之會。

西漢的司馬遷以繼承前人的「天、人、地」的宇宙結構思想構思他的歷史書，雖然他對古代占星的作用有所不了解的地方，但筆者認為他是受了儒家思想的影響，因為當時儒家勢力正逐漸壯大，雖然還不至於壯大到如東漢班固說的「罷黜百家，獨尊儒術」的程度。司馬遷在《史記‧天官書》也報告了春秋時代占星的歷史記錄。

司馬遷在《史記‧天官書》書中說：

「太史公推古天變，未有可考于今者。蓋略以春秋二百四十二年之閒，日蝕三十六，慧星三見，宋襄公時星隕如雨。天子微，諸侯力政，五伯代興，更為主命，自是之后，眾暴寡，大并小，秦、楚、吳、越，夷狄也，為彊伯。田氏篡齊，三家分晉，并為戰國。爭於攻取，兵革更起，城邑數屠，因以饑饉疾疫焦苦，臣主共憂患，其察禨祥候星氣尤急。近世十二諸侯七國相王，言從衡者繼踵，而皋、唐、甘、石因時務論其書傳，故其占驗凌雜米鹽。」

譯文及解說：

我的父親太史公司馬談推演古代的天變，在今天沒有可以參考的資料。因為以春秋時代242年期間發生了日蝕36次，慧星出現3次，宋襄公的時候（西元前650-637年）出現流星雨。周天子變得很微小，諸侯力圖從事政事，五位大諸侯代為興起，輪番更迭領導群倫，從此以後眾多的人欺負少數的人，大國併吞小國，秦、楚、吳、越本來是夷狄，現在變成封疆的諸侯。田氏篡齊國國君的王位，韓、趙、魏三家瓜分了晉國，都變成了戰國。勇於攻伐。兵馬迭起。屠城是常有的事。因為饑饉疾疫的威脅，主人和臣子變得焦頭爛額，只好急忙請占星者看看天文星氣。近世12諸侯和戰國七雄相繼爭相看王者的占星，談起話來就是談論北斗七星，而舜帝的司法官皋陶、堯帝的氏族陶唐氏和甘德氏星經、石申氏星

經就變成論時務時須要看的書籍，所以說占星凌駕談論柴米油鹽醋。

司馬遷又在總結前人星象研究的基礎上，對星球的運行現象做了說明：

> 「余觀史記，考行事，百年之中，五星無出而不反逆行。反逆行，嘗盛大而
> 變色；日月薄蝕，行南北有時；此其大度也，故紫宮、房心、權衡、咸池、
> 虛危、列宿部星，此天之五官坐位也，為經，不移徙，大小有差，闊狹有
> 常。水、火、金、木、填星，此五星者，天之五佐，為緯，見伏有時，所過
> 行贏宿有度。」

譯文及解說：

　　我仔細檢查史書的記載，考察歷史上的事變，發現在100年之中，五星
（水、火、金、木、土五大行星）沒有不出現而反太歲方向逆行的。五星在順行
時，常常變得特別明亮。日月的蝕食及其向南向北的運行，都有一定的週期，這
是研究星象所依憑的根據。而星空中的紫宮星垣、房心、權衡、咸池、虛危等星
宿，是天上五官的位置，也作為天上的經（類似地球上的赤道一樣是不動的，
天赤道叫做equator）是不會變動的，她們的大小程度和彼此之間的間隔都是固定
的。水、火、金、木、填星（土星）這五顆星（應該加上後世使用天文望遠鏡看
到的天王星及海王星），是天上的輔佐，作為天上的緯（像在地球儀套上一圈會
旋轉的匡匡，也叫做黃道，ecliptic），她們的出現和隱伏都有一定的周期，運行
到每個星宿有一定的節度。

　　由此看來司馬遷不但很用心寫《史記·天官書》，而且對於天象由他所反映
出來的春秋時代的星象者的研究，雖然沒有後世的地球是圓的之觀念，但是對於
天體的不動的經與會變動的緯，司馬遷的描述其實與現代的天文知識不相上下，
只不過缺少了天文望遠鏡的觀察而已。但是對於春秋時代的占星者所從事的行

業，他的認識只是說占星的話題凌駕了談論柴米油鹽醋的程度。春秋時代的占星者的成就和他們對後世的貢獻，筆者將在稍後討論。

司馬遷把虛危星宿列為天上五官之一，料想是繼承老子發現M57超新星爆發時，當時為了別人能找到這團超新星而定下的路徑，才有虛、危的說法流傳下來，看來司馬遷並不知道這件事。

《道德經》28章

> 知其雄，守其雌，為天下谿。為天下谿，常德不離，復歸於嬰兒。知其白，守其黑，為天下式。為天下式，常德不忒，復歸於無極。知其榮，守其辱，為天下谷。為天下谷，常德乃足，復歸於樸。樸散則為器。聖人用之，則為官長，故大制不割。

譯文及解說：

知道其父就已足夠了但是要保護其母，這樣才能使天下的萬物有靈在到「德」的門坎之前充滿水磁。假使能進入充滿了水磁的「德」的門坎，那麼就能夠使有「德」的磁到位，這樣就會回歸到嬰兒的純真。夜裡看星象如果能找到很明亮的織女星的話就能夠定位，但是還得循序找到那些比較暗色的虛、危星星，這樣才能夠找到那顆剛爆發的客星，唯有這樣才能夠做天下人的模範。能做天下人的模範的話，德行也就不會產生偏差，而使得萬物有靈回歸到無極之境。假使榮耀加身的話是要懂得保護屈辱，唯有這樣才能使得澗谷充滿了水磁。當澗谷充滿了水磁，常德也就足夠，使得能夠回歸到純樸的境地，而器用也能被人接受。自然人靠這種器用的話就會成為長官，這樣才能夠維持整體的完整，而不是分割得零零碎碎的。

老子在這一章以他做大史的職位寫出「知其白，守其黑，為天下式。」表示

老子已經知道虛、危星星和織女星的關係，並且訂下玄栯以便循序找他所看到的M57超新星。

破解了老子這個謎語後，相信身為管天上星象的大史的老子確實親自看到M57超新星爆發。而這一章編排的順序相當於玄栯超新星爆發的年代，可證明王弼本的《道德經》是老子依據時間順序編的。

除了紫宮是指北極星及其周圍的星星外，五官還有房心是指南方的閼伯大火，權衡是指北斗七星的斗柄最初兩顆星星天權與玉衡。

至於咸池是指北斗七星以下在大角星與五帝座的北天之間。

司馬遷的《史記‧天官書》說：

> 「西宮咸池，曰天五潢，五潢，五帝車舍。」

譯文及解說：

西方白虎的咸池叫做天上的五潢，五潢就是五帝的馬車庫。

至於大角星與時節的關係在同書又說：

> 「左角李；右角將。大角者，天王帝廷。其兩旁各有三星，鼎足句之，曰攝提。攝提者，直斗杓所指，以建時節，故曰：『攝提格』」。

譯文及星星分佈的說明：

一共三個角，一邊是左角叫做李(牧夫座的ξ即梗河一、σ、ρ)的三顆星連成一直線，另一邊是右角叫做將(牧夫座的右攝提一的η、τ、ν)的三顆星連成三角形。大角星(牧夫座的α)是天王帝廷的地方，以大角星與上述兩邊的三顆星集團之首的梗河一與右攝提一之連線成一150°的夾角，而大角星是頂點的所在，三者鼎足而立，這一組合的歲陰名字叫攝提。所謂攝提就是北斗七星的斗柄所指的地方(大角星的北方是招搖，後者延續北斗七星)，這是建立時節開始的根據，所以叫做「攝提格」。唐堯及虞舜時代天下積滿了洪水，他們治理地上的洪水都弄得焦頭爛額，哪裡還有閒情給星星命名。

到了周公自己講的服了天命的夏朝天下分成九州，天上的星星也有相對應的九州名字。周公講的接受了天命的前殷（商）朝和周朝，因為天下自從夏禹治理了洪水地上已可以居住，所以這時天下和天上仍分成九州不變。

春秋戰國時代是我國古代的星象研究幾近完成的時代，正如司馬遷說的：「**爭於攻取，兵革更起，城邑數屠，因以饑饉疾疫焦苦，臣主共憂患，其察磯祥候星氣尤急。**」，這表示當時社會確實有這個需要。但是這些占星者把夏朝傳下來的帝王制和因之而生的對應於天上的星象融合起來解說，就事情的本質而言並不違反先前老子的北極光、磁石、萬物有靈以及人們的作為有關的想法。只是司馬遷並不了解，才會說春秋時代談論占星凌駕談論柴米油鹽醋的民生問題。

到了西漢京房氏則對星象做國家災禍的預言，一直到南宋的馬端臨在《文獻通考》還做了歷年來歷史上詳細的占星記錄。

九. 對西方平面數學的評論

　　1912年代提倡大陸飄流說的德國氣象學者韋格納（Alfred Wegener 1880-1930），和1950年代研究地震幅度和地震個別發生頻率關係的兩個人谷騰堡（Beno Gutenberg 1889-1960）和里克特（Charles Richter 1900-1985），韋、谷兩人都說做研究不必有科學實驗室，光靠圖書館就可以了。也就是說新知識的獲得雖並不一定要自己做實驗，看別人做的結果照樣可以判斷以求得新知識，不論別人做的結果如何。今天互聯網這麼便利，求得新知識乃是彈指之間的事。

　　說到地震相信國人都會同意這句話：「小地震很多，大地震很少，會死人的地震就更稀罕了。」象數使國人都有「陰中有陽，陽中有陰」的觀念，假設地震是陽，會死人的地震是陰，根據這個觀念則可定義數不清的小地震是屬於陽的這一端，而致人於死的大地震則屬於另一端，生活經驗的象數使國人很容易就了解這一點。谷騰堡和里克特研究地震也有同樣發現，但是他們以西方平面數學的方法要來表示「小地震很多，大地震很少，會死人的地震就更稀罕」這一句話，則不用陰陽而是用十個手指頭的加一倍法來表示，因此地震的頻率是10的n次方，n=1、2、3、4…，對國人來講簡直多此一舉。

　　為了表示地震強度和頻率的關係，以便使科學家研究有人傷亡的地震，谷騰堡和里克特利用表示地震幅度與頻率的兩條互相垂直的直線，連接起來模擬畢達哥拉斯的斜邊。事先安排好橫軸每增加一倍，則縱軸減少10的4次方（記得本來是n=1、2、3、4…，現在n=4、8、12、16…），並使所得的點之連線成為直角三角形的斜邊，斜率=1，這就是當初的「冪次定律」（power law），當然這是基本設計，還得套入實際得到的數值才算。考察其目的，不過是為了摹仿畢達哥拉斯的畢氏定理，但這反而是東施效顰了（斜率=1就是直角三角形互相垂直的兩邊長度相等，似乎是想要模仿畢氏定理的斜邊正方形的面積，而畢氏定理只是平

123

面數學，不能超越平面那有什麼意義？）。

我們知道自然對數e=2.718應該是納皮爾摹仿國人陰陽觀念創造出來的複利計算方法，以後又有學者創造出對數，乃至於10的對數。不管西方平面數學怎麼運用，在地震頻率的這個例子中，谷騰堡和里克特還是用了我國的加一倍法來做部份演算，雖然他們是用十個手指頭而不是陰陽。

「冪次定律」近年來被濫用於西方的統計工作，縱軸不限於10的n次方（n=1、2、3、4…），而使得斜邊凹陷不再成一直線。反而微積分發展出來的正規分佈（normal distribution）卻被擱在一旁，因為不符合現代的商業環境之需求。

如果在這裡還要討論「陰中有陽」是怎麼回事的話，因為致人於死的地震假使是那麼平凡，恐怕到今天地球上已經沒有人類存活了。如果假設陰陽=2，在西方數學也不適用，就好比畢達哥拉斯計算的是雄偉直立的金字塔陰影邊緣的正方形面積，而陰影邊緣長度的平方就邵雍的加一倍法來講，並不能滿足1、2、3、4、5…次方的立體型式，何況谷騰堡和里克特的演算只是n=4、8、12、16…次方而已，這就是中國傳統象數和西方平面數學不同的地方。

電算機（電子計算機）利用在氣象預測上常常出紕漏，1961年氣象專家羅倫茲（Edward Lorenz 1917-2008）在解決一個氣象預測的問題，他利用12個方程式來修飾天氣的模式，他實際上沒有得到預測天氣的結果，雖然這些程式是用來預測天氣的。次年，有一天他想要在這台氣象電算機上再跑一個特別挑選的段落，為了節省佔用時間，他不從程式的開頭起動，反而從中間一段切入程式。他把程式啟動就讓電算機自行運作，然後離開等結果印出來。

一小時後他回來看到結果，前面一段的模式雖然和上次一樣，下一段就開始

從這個模式分離繪出兩個不同的圖樣，他把這個現象叫做蝴蝶效應。而且這次和上次操作上不同的地方除了已敘述的之外，上次數字取小數點後6位數，而這次只取小數點後3位數。到後來這個電算機現象被解釋為對起始時的條件敏感，也就叫做混沌現象（chaos）。

西方數學是畢達哥拉斯看到雄偉的金字塔開頭的，因為不是從宇宙中向地球俯視得到的結果，所以電算機所演算的結果，不能符合羅倫茲的電算機程式所預期的結果是可理解的，因此天氣預測是常常不準的。

所有這些平面數學演算出來不能令人滿意的現象，都是平面數學的缺點。就事論事，萬物在宇宙本來就不一直呈現平面的狀態，特別是在人類已進入大氣生命圈以外的今天為然，我國的象數適足以補充平面數學的這一缺陷。

十. 太陽系行星中異常的天王星

　　古代的占星者只知道七曜（地球、月球、水星、金星、火星、木星、土星），而且還不知道地球是圓的。自從望遠鏡發明以後，伽利略隨即用來觀察星球，經過逐步的改良。約半個世紀後，於1690年才有人看到古希臘的9種 司(Muse)之中管星象的女神，叫作Urania，但是被誤稱為「金牛座34」。天王星(Uranus)這個名稱是由德國移民英國的天文學家赫歇爾(William Herschel 1738-1822)，於1781年正式命名的。現代人用望遠鏡看最多只能看到她。因為天王星公轉周期是84.02年，古人在壽命極限內也不能重複看到她，所以容易被忽略掉。因此可以說若沒有天文望遠鏡的發明，人類是無法知道天王星的存在的。

　　天王星是太陽系的8大行星之一，該星球自轉的軌道異於太陽系的其她7大行星，包括地球在內。假設將太陽擺在桌面上自轉，則距離太陽第3遠的地球自轉兩極也跟太陽一樣旋轉，在夏天北極有半年的永晝，這是因為地球自轉軸改變，使得北半球向太陽傾斜到夏天半年都有日照的程度。到了冬天地球自轉軸又改變，使得北半球遠離日照而產生半年永夜的狀況。但是地球的自轉軸改變有限，不至於使地球的其他部份產生永晝或永夜的現象。

　　但是距離太陽第7遠的天王星的自轉軸和地球或其他太陽系行星比較之下，呈現一個人幾乎臥倒在桌子上旋轉的狀態，然而圍繞太陽旋轉的公轉仍要進行，所以呈現與太陽系別的行星不同的旋轉。天王星自轉的兩極雖然呈現平躺在桌面的狀況，照理說也應該有兩極永晝與永夜，但是事實上天王星的晝與夜每隔42.01年交替一次，以天王星公轉周期是84.02年來講，地球公轉半周導致南北極永晝與永夜的變化，此種現象不會發生在天王星上，因此其旋轉軌道跟其他行星的軌道相比有特異的型態。

太陽系的各行星繞日公轉從內到外，公轉周期幾乎是加一倍法的運作。既然我們發現天王星的公轉周期和郭沫若的太歲超辰82.6年超辰30度的時間接近，那麼我們何不以天王星作為釐訂日曆的參考星球，代之以現行的太陽曆或陰曆呢？

但是問題來了，天王星因為距離地球遙遠，靠其外貌觀察恐怕行不通。然而天王星和土星一樣有圍繞自轉軸的環系，至少讓我們在不了解星球本身的情況下，還能夠知道她與太陽相關的變化圖3-15, 3-16。

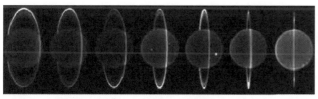

2001　2002　2003　2004　2005　2006　2007

圖3-15
天王星公轉周期是地球上的84.02年，由行星環的旋轉應該可以辨識出公轉周期的終止。

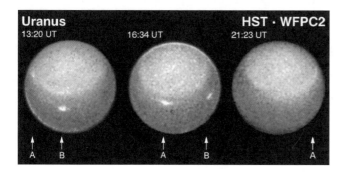

圖3-16
天王星自轉周期是地球上的0.718日，星球上的黑色點是天王星的衛星，白色影像是衛星的影像（來源：圖片由美國NASA提供）。

十一. 天王星異常引起的地球天然災害說

太陽系內有一個調皮搗蛋的天王星，不照規矩來走，那麼發生在同一個星系的地球上的災害，是不是可能和這個調皮搗蛋的天王星有關？

從老子的《大一生水》來推理，假設因為北極星方向洄漩而來的水磁，進入太陽系的北方，洄漩流到太陽系，天王星的怪異使得水磁經過天王星時產生亂流，於是這種攪亂的水磁洄漩到地球，因而對地球發生異常影響。

《大一生水》的這一句話：「**寒熱復相輔也，是以成濕燥…濕燥者，寒熱之所生也…**」以及《道德經》45章寫的：「**…躁勝寒，靜勝熱…**」雖然都出之於2500年前的老子之口，但這些話的真實性即使到今天還適用。2009年7月22日的日蝕之前，台灣西北部地區白天氣溫高達38℃，連續數日。除了經常的大陸之影響台灣島的氣候因素外，當時紅外線衛星雲圖顯示台灣島上空及鄰近的海洋島嶼地區沒有一絲雲彩，但是南方的菲律賓約距台灣島1000公里的呂宋群島上空開始有一堆濃厚的烏雲籠罩著。這個圖顯示呂宋群島上空的烏雲以及中國大陸上空吸取了台灣島上的涼氣，但雲層水份已經飽和了不再吸收水氣，所以北台灣才會這麼熱。

間隔數日呂宋的烏雲逐漸向北移動到台灣島的南半部，北方天空仍然一片晴空沒有雲彩。但台灣中部以南於日蝕次日氣溫則漸降，白天在中部有徐徐吹來的風覺得涼爽，然而台灣島的西北部氣溫仍然偏高，到了8月2日台灣島西北部地區白天氣溫高達5年來歷史新高39.4℃。

8月4日才形成的莫拉克颱風，在紅外線衛星雲圖看來，已變成鬆散的兩片雲團將要組成暴風圈的樣子。其外圍已距台灣西南方約1000公里呈反時鐘旋轉向西北方向朝台灣島前進，紅外線衛星雲圖顯示在她的南部偏東方向另有白色的低氣壓雲團，以大於朝台灣島前進的兩片鬆散雲團兩倍的平面面積，鋪陳在鄰接的地

方。此時西北太平洋地球觀圖上，各處的紅外線衛星雲圖幾乎各呈鬆散的影子。

接著8月5日逐漸地莫拉克颱風形成橢圓形的像一隻甲蟲的外觀頭部朝向台灣島，從其口部卻伸出一條像長舌一樣的寬帶子朝向琉球及日本列島飛去。這時西北太平洋各處的雲團不再是鬆散而是變成緻密的影子，可以說西北太平洋各處大雲團其影子的稠密度是相當一致的，顯示整個西北太平洋在紅外線衛星雲圖下含水空氣的緊張程度。

這時莫拉克颱風吸取台灣島上空的涼氣效應已不再出現，因此台灣島地區氣溫及溼度變得悶熱。

到8月6日莫拉克颱風的外圍已到達台灣，此時飄向日本列島的長舌帶已斷裂，斷裂的近端形成頭巾覆蓋在甲蟲的頭上，而原先在南面鄰接的低氣壓雲團已移位到莫拉克颱風的東南面準備分離。這期間氣象人員充滿了疑惑，只希望莫拉克颱風不要來台灣島，如此而已。

8月6日美國CNN電視台的紅外線衛星雲圖，仍然顯示出莫拉克颱風與緊跟的低氣壓雲團互相糾纏的局面，這時該台氣象人員分析從印度洋來的水氣再加上該低氣壓雲團的碎片會加重莫拉克颱風的含水量。

果然於8月7日莫拉克颱風在台灣東部花蓮登陸，登陸後帶來台灣南部山區破紀錄的降雨量，次日一天的降雨量急遽升高，達到每年每日最多的降雨量連續5年的總和在這一天降下。造成台灣南部山區因為堰塞湖的形成及崩潰，使得這個有接近於4000公尺高山海島的南部山谷，一瞬間發生巨大的山體滑動帶來大量傷亡和財物損失的嚴重災害。

8月8日，莫拉克颱風碰到大陸，壓縮成向著大陸的破碎內核，以及位於海面的外核。台灣島的南半部籠罩在紅外線衛星雲圖的白色區域裡，台灣島北部恰好

位在颱風眼，上空晴朗。

8月9日莫拉克颱風眼擴大，以至於台灣島北部在無颱風的擴大後的颱風眼裡，而中南部仍陷於內核的白色區，導致風雨交加。這時原來移到鄰接莫拉克颱風東南部的低氣壓雲團已分離停留在東方，向南北延伸，形成一個面朝莫拉克颱風的類似一個人向她潑水的紅外線衛星雲圖。由於颱風的肆虐，媒體報章無奈中終於找到一個怪罪的對象，說是有人對颱風潑水。到了8月10日，莫拉克颱風在台灣島稀釋擴大恢復到兩片鬆散雲團。

其實這只是事後諸葛，因為災難發生兩天後再事後追究於事無補，有意義的事是事先找出對策，從以上的報告我們知道災害發生前兩天就可能適度採取措施來預防，但是不要完全依賴科學，因為科學是從畢達哥拉斯的平面數學衍生出來的，不是我國的象數。

紅外線衛星雲圖也應該是水磁與氣磁的表現，氣象人員千萬不要小看她。要知道莫拉克颱風到8月5日形成像一隻甲蟲後是穩定的前進，只不過因為接近大陸所以速率變慢，如果她要離開這個地區的話，速率是不會慢下來的。反之如果一直在這個區域徘徊的話，也不至於構成太大的威脅，因為能量得以消失殆盡。

不論是變成甲蟲或變成一個人向台灣島潑水，都是居住在台灣島地區現場的人才有身歷其境的感覺，不在台灣島地區的人只能憑圖像猜測其大略而已，如CNN的氣象播報人員。這個現象就是颱風的水磁和氣磁的表現，也就是我國的非平面象數，而西方的平面數學是無法做到這一點的，這一點就我們人類來說就是有無現場感。今天的互聯網雖然無遠弗屆，但是就是沒有現場感，在互聯網上玩電子遊戲就是一個例子。所以也許可以這麼說因為我們不是玩電子遊戲，而是身歷其境，所以我們看到甲蟲和被她侵襲的恐怖（也許我們過於疏忽，以至於事

先不覺得她的恐怖，或者完全依賴科學，以至於被科學的平面性質所誤導）。事後因為經過莫拉克颱風的肆虐，反而對我們熟悉的影像，例如低氣壓雲團像是一個人朝莫拉克颱風潑水反應過度，完全沒有考慮這樣是無濟於事的。在這個例子中，一位身歷其境的人事先應該可以看到甲蟲，事後應該也能看到一個人形在潑水。

就像太極圖內的陰陽魚洄漩前進，但是是穩定的一樣。宇宙來的水磁到了大氣生命圈，表現出來的是穩定的現象也就是具有所謂的慣性，例如傅科(Léon Foucault 1819-1868)的傅科擺、旋轉的陀螺或陀螺儀都是在穩定中進行，它們的慣性不受周遭的變化所影響，只憑藉原有的慣性維持其變化，也就是說憑藉磁維持其變化。踩磁鐵轉輪的運動腳踏車也能感到慣性，而這種慣性來自大氣生命圈外及圈內。從台灣島向南進入高雄火車站前的鐵路是一段呈幾近90°轉彎的鐵軌，筆者每每搭火車北上時都感到車輛往南方開，究其原因是這一段的南下與北上都受到筆者的慣性所影響，而這個慣性是來自大氣生命圈內及圈外的磁。所以說頸上繫著絲帶的駕駛員開車的方向不受絲帶的隨風飄出所影響是因為這時已有慣性，而伸出長舌的甲蟲，影響不了已有慣性的莫拉克颱風進行的方向**圖3-17**。

牛頓運動三定律的第一定律「一物體靜者恆靜動者恆做等速直線運動」的慣性只是表象而已，並不足以說明磁的慣性。

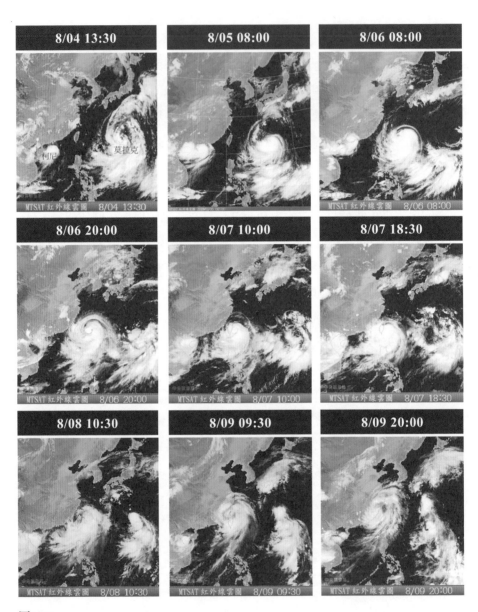

圖3-17

莫拉克颱風侵襲台灣島全程的紅外線衛星雲圖記錄。莫拉克颱風侵襲台灣島首次接觸陸地前
18小時的衛星雲圖像一隻甲蟲（未在圖中顯示），顯示反時鐘方向進行的莫拉克颱風，在頭
部伸出一條長帶子朝後面的琉球群島、日本南方飛去，就像開敞蓬車子頸上繫一條絲帶行駛
高速公路的駕駛員一樣朝向目的地前進。到後來這條帶子斷裂而近端收入莫拉克颱風的口
中。（感謝鄭先祐及中央氣象局提供資料及圖片）。

筆者認為西方從畢達哥拉斯驚訝於金字塔的巨大，而衍生出來的平面數學，不足以解釋從小小的太空攝影機攝到龐大面積的紅外線衛星雲圖。因為攝影機所攝到的衛星雲圖並不是站在地面上的人看金字塔那樣，無法產生現場感。判讀這樣的結果，不能比照在地面預測一樣摸索，參考東又參考西，這樣容易延誤時機，要知道天災是人力不易應付的。現在用老子的「自然」說法，我們只要在現場從紅外線衛星雲圖研判，就立刻可以採取因應措施，不因為這樣的水災是50年來一次還是100年來一次。

CNN媒體的神來之筆的分析，相信是出於分析員視覺的本能，和科學訓練無關。我們讀「大一生水」不由得欽佩老子的智慧和推崇邵雍的加一倍法。

天然災害預測的結果，能使社會上造成驚天動地的事件，或者完全沒事兩種選擇，因此使得從業人員可能喪失選擇的憑藉而顯得心慌意亂。2004年12月南亞蘇門答臘在印度洋海岸的Simeulue島發生地震，隨即引發海嘯（又叫做南亞海嘯）。這一波海嘯於6個鐘頭內到達非洲彼岸，因為是發生在白天，造成沿印度洋的海岸20多萬人溺斃。據報導海嘯前有位德國的星象家曾預測，近期因為天王星和地球的距離最近，天災將發生在地球上。

日本歷史上是被海嘯侵襲最多也是損失最大的國家，其原因是太平洋的日本與南美洲的秘魯與智利間的距離，是世界上最長的不凍海水的距離。海嘯在水中的傳播只要不碰到障礙物是無遠弗屆的，這是水的特性。不論盆子裡的水還是大洋裡的海水都是這樣，只是傳播到彼岸所需的時間不同而已。

亞洲東部文明的歷史悠久，而美洲先進文明的歷史才數百年，所以海嘯的記錄以日本最明確。其他各洲不但海嘯少，記錄也不多。拜美國近1、2百年來在美洲強大之賜，美洲開始有海嘯的記錄，我們才獲得海嘯的知識，但是仍缺乏地球

以外的知識。

何以歷史上太平洋容易發生越洋海嘯，而大西洋就很少？因為南美洲沿太平洋海岸靠近南極的秘魯和智利海岸岩層破碎，一旦發生地震容易發生越洋海嘯，常波及夏威夷以及日本。北美阿拉斯加的岩層發生地震，也會發生海嘯而波及上述兩個地方之一。

日本從西元684年起記錄白鳳大地震伴隨海嘯來襲，就幾乎每次大地震就有海嘯。其理由是日本列島幾乎成長條形的海苔，其海岸對於因附近發生海底大地震引起的海嘯侵襲抵抗力弱，因此日本這個多山的國家海嘯只侵襲海岸地區。

自從1700年發生於北美洲阿拉斯加、溫哥華地區的大地震，引起了包括日本在內的越洋海嘯。從有記錄以來，日本記錄的於1498、1605、1700、1792、1896年發生的海嘯，以及1960或1964到2004年的南亞海嘯，其時間間隔比起天王星繞太陽公轉周期約84年，或晝與夜每交替一次約42年的時間間隔，相差不多。

在南亞海嘯20多萬人死亡以前海嘯是不被重視的，而日本的海嘯記錄也不知道是鄰近地震引起的或者是橫越太平洋引起的？都記錄不詳。南亞海嘯不幸被該星象家言中，不是星象家有先見之明，而是西方的平面數學在這裡無用武之地。橫越印度洋的海嘯要走6個小時，橫越太平洋的海嘯最長大概要花3-4倍的時間。

南亞海嘯發生後，我國研究人員利用美國全球衛星定位系統（GPS）的地面站監測數據做研究，發生海嘯當時外太空的熱電離層也發生濃度明顯減少類似海嘯的現象，但是不知道海嘯將發生時，同樣的電離層濃度會不會增加呢？是不是水磁漩渦流到地球的海嘯現場的宇宙時，也像莫拉克颱風侵襲台灣島之前一樣，可以看出警訊？

卷三 磁文化的歷史演繹

　　假使看得到的話，在200公里高空熱電離層的紅色極光像洄漩流動的流水般流過來，進入100公里高的電離層成為綠色極光，但這些極光雖然洄漩卻都是穩定的，也就是說具有慣性（雖然地球科學上把電離層以上的高度叫做非均質層，但極光是穩定的）。如果再下降到中間層乃至於下面的平流層而對流層到達地面，則叫做均質層（地球科學上叫做均質層的，其實就現象來講，這一層是不穩定的）。所以可以說看來是穩定的水磁如紅色或綠色的極光，人類加以檢驗卻是非均質的。反而就地球科學上講是均質的，卻會發生閃電、暴風雨。從極光的現象我們似乎可以得到這樣一個結論：在電離層以上的宇宙物形不均，而水磁或極光均（離子是物形，極光是水磁），下降到中間層以下到地面，物形均而引起罔兩變化的看不見的極光不均（暫時假定罔兩是極光變化引起的）。就日常生活中我們能檢查出來的物形是各個穩定多樣，但是這時看不到的極光卻能引發閃電而使空氣電離，引起打雷暴風雨等不穩定的現象發生。

　　像這樣看來是爆發的現象，科學卻分類為均質的，這是互相矛盾。但是就大氣生命圈的水磁、土磁和氣磁而言，卻是陰陽互補的，之所以有這個矛盾，是因為有磁的存在，這樣看來，是不是科學有向一邊傾斜的危險？

　　磁不是無，而是看不到或看得到的無形，或許莊子把"罔兩"包括在磁之中。因為罔兩這個無形名詞本來是用在人們的作為相關語句中，經過這一番討論是否也應該和科學現象一起討論？如果是的話，磁石和人們的作為之關聯性將在下一節找到證據。

　　老子在《道德經》11章中提醒大家這是「用」與「器」的問題，就是"物形"與"罔兩"的兩面性。

《道德經》第11章：

　　三十輻共一轂，當其無，有車之用。埏埴以為器，當其無，有器之用。鑿戶牖以為室，當其無，有室之用。故有之以為利，無之以為用。

譯文及解說：

　　當30根車輻匯集到車轂當中做成一個車輪，就必需要車轂有中空的地方，才能做一個輪子，這樣才有車子的作用。揉合陶土做成器皿，就必需留下中空的地方，才有器皿的作用。開鑿門窗以建造房屋，也要有牆壁圍起來的空間，才會有房屋的作用。所以佔據空間的地方是作為方便，而不佔據空間的地方，就像大一迴漩流出的水磁，在萬物之母超越入「德」的門坎而到位，一樣的便於使用。

十二. 現代的超新星與占星

　　美國哈伯太空望遠鏡，於1996年拍到金牛星座的蟹狀星雲爆發後很清楚的影像。這團超新星於1054年5月由北宋司天監楊惟德觀察到，連同爆發現象寫在《續資治通鑑‧卷第一頁二十七》曰：「**客星出天關之東南可數寸。**」22個月後，於西元1056年3月同卷又記載曰：「**司天監言，自至和元年五月，客星晨出東方，守天關，至是沒。**」

　　楊惟德和曾公亮、丁度同時在北宋朝廷做官，從後二人具名的《武經總要》軍事書籍編纂工作之事，推測同時代的楊惟德有參與。這本書是我國首次使用穆斯林（回回）傳來我國的西域曆術，使用金牛宮、白羊宮等黃道十二宮的名稱寫的，與我國傳統十二節氣的十二中氣相連繫，以之作為「六壬天十二辰」超辰的依據，意思就是木星每年對應於十二辰繞了6圈，再另外加上12辰左右，就算是超辰一次，也就是還要加1圈的意思。

　　楊惟德可能是看到了超新星爆發，而且查明是天關的客星，所以除了報告給皇帝聽外，在奉令編寫的《武經總要》同時尋求西域曆術，並用她的黃道十二宮寫入這本書中（也就是現代人用的星座名稱），但是他們官方公開的報告仍用傳統的名稱寫的。

　　西方自從伽利略以新發明的望遠鏡觀察星象後，就有許多業餘者經常在觀察星象，英國人畢斐斯（John Bevis 1695-1771）首次發現楊惟德看到的天關客星（現在叫做蟹狀星雲（Crab Nebula））。楊惟德是以肉眼看到這團超新星的爆發，他也許沒有想到爆發以後會怎麼樣，說不定就像爆竹一樣爆炸後不久就消失在眼前，因為總有人會來打掃地面維持清潔。幸賴望遠鏡的發明，我們看到的是一片爆發後的景象，但是這樣距我們今天已有將近十世紀的變化了。

　　1920年代荷蘭漢學家和天文學家合作開始找天關客星（後來稱為M1）。哈伯太空望遠鏡於SN1987a超新星爆發後3年射入太空，首先以可見光、紫外線及近紅外線觀察這團客星的影子。今天能夠瞭解的所謂以天文望遠鏡觀看宇宙裡星星細節的影像或間接取得的圖片，是和前人以肉眼直接看星星（譬如古人以肉眼看北斗七

星）或者人們在地球上以攝影機拍實物的照片所顯示的不同。對於後者我們可以叫她做影像，但是對於前者我們不妨叫做影子（雖然莊子把景與罔兩－影子的通稱寫成寓言，但那只是在地球上的經驗，也就是當光照到實物才產生），只因為在宇宙看星星的細節，同一個空間有時像雲霧班成各種形狀展示，但是透過這種雲霧看後面的星星並不減低她們的亮度，而看不到雲霧的空間星星還是一樣明亮，所以她們只是像地球上的影子。老子所說的磁延伸解釋不就是這個樣子嗎？

　　如果以波長更長的無線電波看天關客星也可以看到似曾相識的變化，但是以X-射線或gamma射線等波長短的高能量裝置所取得的影子，則得到完全不同形狀的影子。

　　就象數來講，這裡的水磁因為1942年拍到蟹狀星雲清楚的影像，以及哈伯太空望遠鏡於1996年重拍而到達在地球上觀察者的方位，因而使得大家對942年前的天關客星爆發更加明白。科學家的實驗講求因果關係，在實驗室也許是一瞬間或幾年的觀察就要決定有或沒有，於老子而言簡直不可思議，何況休謨講求的因果論是根據風俗習慣得來的，絕不是僅憑猜想或短期實驗就能夠建立。

　　星系的運動是以螺旋狀旋轉，如我們的銀河系，很像莫拉克颱風朝向台灣島地區進行的模樣，也許星系運動和地球上的颱風之間有同樣的機轉也說不定。至於對星球的研究到底是要像中醫望、聞、問、切一樣的望，然後給予一個解釋，好比老子的「自然」好呢？還是要像畢達哥拉斯研究平面數學一樣的好？這是東方的象數與西方的平面數學不同的地方。

　　我國自春秋時代以來因為「天、地、人」的宇宙觀，各國統治者對占星異常重視，以至於占星和占星者的記載充斥於史書。因為自從漢朝以後。本來占星是大史的工作，民間占星也不禁止，現在成為皇家的太史所負責的工作（同時天文也成為皇家的秘密，百姓不得私習），所以我國歷代的史書都有星象的記載，這是西方各國所沒有的，這些記載成為現代人類探索宇宙所不可或缺的歷史材料。

　　法國人梅西爾（Charles Messier 1730-1817）在他的年代為了觀察慧星，以天

文望遠鏡發明剛滿百年的設備，從事法國所在地的天上各處的星星觀察，因而導致了我國所謂的客星或妖星被他詳細的以當時的天文望遠鏡研究，他把所見編成星雲星團表並加以編號開頭為M，叫做梅西爾星雲星團表，蟹狀星雲的編號是M1。

但是就如同我國歷史上的皇家天文人員以肉眼觀察星星一樣，梅西爾也無法分清楚慧星與超新星，因此以他的表來認識超新星顯得不足。現代的天文學又加上了NGC及其他分類，但是從梅西爾星雲星團表中，除了蟹狀星雲外，我們仍能找出變化中的超新星星雲以及許多乾枯的超新星本身。

因為天關客星的蟹狀星雲於二次世界大戰後，在西方再度被重視，西方列強熱衷於發展核子科學和爆炸的過程之研究。我國的天文學家席澤宗被國外要求提供我國古代出現超新星的記錄以供參考，其原因是當代的世界各國都沒有像我國這樣長久且能夠傳承的歷史優勢。席澤宗應西方科學家的要求，遍察歷代我國及日本的天文文獻，編列成《古新星新表》於1955年發表。但遺憾的是有些重要的天文記錄在表中記載不詳或缺失。

大洪水後古埃及的第四代法老古夫(Khufu)，在他的金字塔內部墓室裡發現有一條向北方傾斜31°的隧道，可能是表示不動的北極星方向的意思，一如我國漢朝直到張衡時代還是以北斗七星來代表示。等到北宋的沈括用水運儀象台測量北極星，結果發現在三度範圍內一直看得到該星(象數的度，不是數學的度)。是否古夫有大洪水之前倖存遺民的血脈還說不定，但無論如何包含北極星在內的星座叫Draco(天龍座)，外文字本身有龍的意思。

衣索比亞是位於埃及的南方蘇丹之南，尼羅河由衣索比亞的高地湖泊向北流入地中海。仙王座(Cepheus)可能是衣索比亞國王的名字，他的王后的星座叫仙后座(Cassiopeia)，根據古希臘神話王后有一位最美麗的女兒，星座叫做仙女座(Andromeda)，被她母親反綁在大石頭上。管馬及海洋的神波塞冬(Poseidon)知道了以後，派小神去搶劫衣索比亞，以便報復王后對她女兒的苛刻。

摩羯座(Capricornus)是西元前六、七世紀命名的，星座呈現半羊半魚的模樣。

據說當巴比倫王國雨季來臨時，是幼發拉底河氾濫的季節，這時摩羯座山羊的下半身變成魚的模樣。

　　大熊座(Ursa Major)包括斗勺狀的北斗七星在內，古埃及是代表Osiris神。其他星座多有取名自古希臘神話。

　　從以上敘述我們能理解在西方北極星方向的重要性曾曇花一現，可惜後來已不被重視了，造成西方傳統對星星的定位不準確，而這也是席澤宗被國外要求提供古代超新星記錄的原因。

　　現在將超新星星雲或雲團做一個生命周期研究，分6階段敘述如下(可見光所見是以黃色系列為主，紅外線所見以紅色系列為主，X射線所見以綠色與藍色系列為主，一般一個宇宙裡可見的影子是以各種光線重複曝光而得到的複合影子。)

　　超新星星雲在4000多年的生命期間分成點燈期、爆發期、膨脹期、收縮期、乾枯期等變化：

（一）大麥哲倫星雲的1987a超新星是1987年2月被人在南美洲發現爆發，同時在日本地下礦坑以檢驗出來的微中子(neutrino)判定爆發的方向，可謂是人類能掌握其變化的超新星，其影子變化敘述於後，本期為點燈期**圖3-28到圖3-31**。

（二）超新星爆發後400多年，以可見光、紅外線及X射線重複攝影所得的影子，複合後加以假色(pseudo color)處理，得到隨機混亂的狀態，並且呈現極度活躍，環系已不見，本期為爆發期**圖3-18**。

（三）爆發約1000年後的超新星以可見光攝得的影子，星雲變成膨脹的形態，在藍色的背景上分佈有許多成樹枝狀的白色泡沫樣支架，支撐膨脹的架構，又叫蟹狀星雲，本期為膨脹期**圖3-19**。

（四）爆發約將近1500年後的超新星，以可見光、紅外線及X射線重複攝影所得的影子，複合後加以假色處理，與(二)同樣得到隨機混亂的狀態，但是呈現老化變黑，而且在下方有一橫向裂口**圖3-20**。

（五）超新星以可見光攝得的影子，星雲維持膨脹的架構，內部白色泡沫狀物質成

中間地帶的包囊包被內含物，包囊的外觀呈現各種形狀，以看這個超新星星雲的方位來決定形狀。例如白色包囊呈啞鈴形狀者，中間地帶是啞鈴的握手 **圖3-21**。白色包囊呈腹腰帶，中間地帶包裹在囊中 **圖3-22**。如果只從地球上觀測超新星，則所得到的影子和該超新星對地球固定的角度有關，一如以顯微鏡看組織病理切片所看到的切面是固定的有關一樣，但其實看組織病理切片是在看一個立體架構，只因為所染的各種顏色是透明的，所以容易誤為是在看一個平面圖案。能否將看組織病理切片也當做在看一個影子呢？M27約1770年，M76約2060年。此二者仍在膨脹末期。

（六）超新星以可見光攝得的影子，星雲不再是膨脹的狀態反而呈現收縮已完成的狀態，因為卵圓形的星雲自外向內依次由紅色層、白色層和均質的藍色層組成，但在同樣是以可見光攝得的各種影子中，背景星星在各層繁多，由此更能解釋為這些影子不妨礙背景星星的呈現，反而有假色處理過的影子，背景星星不再那麼明顯，例如以假色處理過的M57及NGC7293超新星都變成橘白藍三層臭蛋的模樣，但背景星星不再那麼明顯，約2500年以上，本期為收縮期，如M57**圖3-23**及NGC7293**圖3-24**。

（七）M4是乾枯初期的球狀星團，年歲在4000年以上，從地球的南半球還可看到星星圍繞著數個圓圈轉，這種現象在北半球看不到，所以可看到乾枯的星星所做的開始分離的動作，因而排列成棉絮狀圖3-25及3-26。其餘如M80等等中央部分是堆積在一起的白色星星雲團，四周是噴出的乾枯獨立的大量星星，是為乾枯期**圖3-27**，年歲更老。

表一顯示超新星或類似超新星爆發的歷史紀錄，並附有西方星座或尋星徑路的說明。

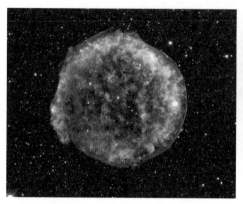

圖3-18 (SN1572) 爆發期

西元1572年爆發的第谷超新星，是以紅外線及X射線各別攝影所得之複合影子。紅外線是右外圍及中間的影子，夾層的綠色是中能量X射線及其餘的藍色是高能量X射線的影子，歷時約430年。因為有X射線的複合影子，所以呈現混沌的狀態。

圖3-19 (M1) 膨脹期

西元1054年爆發的天關客星，以可見光攝得的影子，顯示極度膨脹的影子，清一色的藍色基質上貫穿以白色泡沫狀影子。

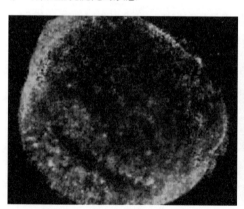

圖3-20 (SN1006)

西元567年爆發，與圖3-18同樣是以紅外線及X射線各別攝得的複合影子，經過了約1500年不再是混沌的狀態，而是呈現老化的黑色而且在影子下方有一橫向的長裂口，但須注意的是這個影子只能以同樣攝影方法取得的其他影子做比較才有意義，究竟這些超新星的影像只是影子而已

圖3-21（M27）

可能是西元238年爆發的客星，白色泡沫狀物質呈現啞鈴的狀態，正向腹腰部集中，已在膨脹的末期，以可見光攝得的影子，年歲約1770年。

圖3-22（M76）

西元前49年爆發的客星，白色泡沫狀物質形成腹腰帶狀態，星雲的膨脹期開始轉入收縮期，以可見光攝得的影子，年歲有2060年了。

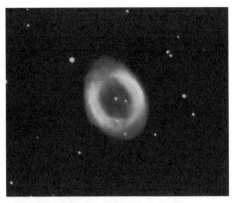

圖3-23（M57）收縮期

西元前532年老子可能看到爆發的客星，又名老子星，白色的腹腰帶已撕裂，只剩下破裂的周圍，以可見光攝得的影子。

圖3-24（NGC7293）

可能比M57早1、2百年爆發的超新星，因為影像比M57模糊，呈鬆懈狀態，白色的腹腰帶已撕裂，只剩下破裂的周圍，向乾枯變形趨進，以可見光攝得的影子，在摩羯座附近。

圖3-25（M4）

至少4000年前到3000年前之間爆發的客星，又名周伯商星。一般的球狀星團是乾枯的各別星星在中心堆積成不易分辨的星團，越向四週散發越彼此分離。M4爆發後因為已進入乾枯的初期，此照片顯示在星團的中心還有星星集團環繞成直線或曲線的結構，以至於還能夠與較老的球狀星團辨別。

圖3-26（M4）

在地球的北半部看不到M4的中心星星集團有這樣的結構，但是在地球的南半部卻能看到。以地球的直徑與太陽系以外的星星之間的距離這麼不可衡量來講，M4與地球的距離應該是較短的距離，假使這個距離夠遠的話，那麼應該在地球的北半球或南半球都不能分辨中心星星集團之不同。因為西方的數學是平面數學，所以以等腰三角形或等腰四邊形來測量M4與地球的距離，也是不可行之事。

圖3-27（M80）乾枯期

可能是只剩下乾枯的星星散佈開來，核心由密集的星星組成，沒有特殊的中心星星集團結構賴以與其他球狀星團分辨，爆發年代久遠。

（圖3-18至3-27 圖片來源：美國NASA）

卷三　磁文化的歷史演繹

表一　超新星或類似超新星爆發歷史紀錄

編號	出現年	歷史紀錄	星星編號及原文相對於西方的星座或星星的徑路
1	西元前2000年以後至西元前1046年之間	闕伯的周伯商星	M4,；位於Scorpius星座的 α 星Antares附近
2	西元前1300年以後至西元前640年之間	其他星或芮星？芮國在今陝西省。印歐語系是拼音文字，摩羯與摩訶都以英語子音m開頭，後者是大的意思[※1]。釋迦牟尼在大國摩竭陀修行6年時間最長，可能和摩羯座有一定的關係[※2]。	其他星可能之一是NGC7293，在摩羯星座（Capricornus）附近
3	西元前532年	玄枵的老子星	M57；在Lyra星座 β 與 γ 星之間
4	西元前77年	客星在紫宮中斗樞極間	
5	西元前49年	三月客星居王良東北可九尺長丈餘西指出閣道間至紫宮	M76；在Cassiopeia與Perseus星座交界處附近
6	西元104年	四月戊午客星出紫宮至昂五月滅	
7	西元109年	六月甲子客星大如李蒼白芒氣長二尺西南指上階星	
8	西元238年	十月癸巳客星見危逆行在離宮北騰蛇南甲辰犯宗星己酉滅	M27；第一天癸巳，第十二天甲辰，第十七天己酉，前兩段時間看到的是流星，最後的宗星在天市左垣，屬於Vulpecula、Sagitta、Delphinus星座範圍。
9	西元290年	客星在紫宮	
10	西元369年	客星見紫宮西垣至七月乃滅	
11	西元538年	客星出于紫宮	

12	西元567年	壬子客星見氐東，《晉書‧天文志》提到的南門，這是《夏小正》4000年前記載南天的南門又一次重複出現在天文志上，可見得在唐代一行法師調查南海的星象之前的1700年，我國就有人到更南方得知南門二星。 現代命名的所謂SN1006其實是誤會，北宋僧人文瑩在西元1006年看到的是心宿二(Antares位於天蠍星座)附近的周伯客星(M4)，1000年前的當時M4看起來「光芒如金圓」，一如我們今天以肉眼看老子星M57一樣。	
13	西元722年	有客星見閣道之旁	
14	西元900年	客星出于中垣宦者旁大如桃光炎射宦者宦者不見	
15	西元902年	客星如桃在紫宮華蓋下漸行至御史乙巳客居在杠守之明年猶不去	
16	西元1054年	己丑五月客星出天關隔兩年三月丁巳天關之星沒	M1；Taurus星座與Orion星座附近，前者的ξ星旁
17	西元1572年	明隆慶六年冬十月丙辰慧星見東北方至萬曆二年四月乃滅。	SN1572；仙后座γ星附近

18	西元1604年	九月乙丑尾分有星如彈丸色青黃見西南方至十月而隱十二月辛酉轉出東南方仍尾分明年二月漸暗八月丁卯始滅	SN1604；在蛇夫座Ophiuchus
19	西元1987年	1987年2月23日爆發從南美洲發現	1987a；在大麥哲倫雲Large Magellanic Cloud

※1 漢文是非拼音文字，所以一個字的發音和其他字的發音經常有很大的區別，通常不會因為發音相近，代表的意思也相近。這是和印歐語系的發音相似，意義也相似之不同的地方。猜測古人用語的意思，甚至於考證，應可採取這個方式分別。

※2 釋迦牟尼做太子時所住的宮殿也許與老子一樣有磁石門，所以受到磁石一定程度的影響。釋迦牟尼的講法是「心、性」，他因為來自印度婆羅門信仰的影響，所以主張輪迴。與老子自然之「道」與「德」而在人間到位的思想是不同的，但可以說他們後來都個別被超新星爆發影響，前者可能是NGC7293，後者M57。SN1604爆發對英國培根的影響，甚至於可能超越當前科學的成就。

我國自商朝以來甲骨文的證據就顯示出朝廷重視天文星象，所以歷史上就有官方的記錄，這是西方各國沒有的。筆者彙集歷史上可能是超新星爆發的天文記錄，以便對照梅西爾星雲星團表以及發生於1987年的1987a超新星爆發，作為上述星星生命周期研究的根據。「孛」字的造字是根據慧星在夜空的形狀做成的，古代是用來指慧星，因此記錄中出現「孛」字的話就排除在外。也有可能古代的觀星官因為時局影響而做出倉促的結論，把慧星的活動當做超新星在活動（地球上看來慧星是活動的，超新星只有爆發但是不動），在這種情況下筆者只好根據文義找出超新星。我國最古老的恆星位置觀測記錄原有石申氏、甘德氏及巫咸三家星官，後來三家星官由三國時代的陳卓合併為一個完整體系，成為我國傳統的恆星系統。陳卓之前三國時代的觀星官，恐怕因為時局混亂影響了觀察的準確性，表一中的西元238年的觀測記錄之混亂就是一個例子。為了讓現代人可藉由西方的星座，按圖索驥了解憑我國古代記錄找到表中所列的超新星的方法，特別將找超新星的徑路列於表中以增進讀者尋星的興趣。

《尚書·虞夏書·堯典》關於星象的記載：

> 乃命羲和，欽若昊天；歷象日月星辰，敬授人時。分命羲仲，宅嵎夷，曰暘谷。寅賓出日，平秩東作；日中、星鳥，以殷仲春。厥民析；鳥獸孳尾。申命羲叔，宅南交。平秩南訛敬致。日永、星火，以正仲夏。厥民因；鳥獸希革。分命和仲，宅西，曰昧谷。寅餞納日，平秩西成；宵中、星虛，以殷仲秋。厥民夷；鳥獸毛毨。申命和叔，宅朔方，曰幽都。平在朔易；日短、星昴，以正仲冬。厥民隩；鳥獸氄毛。

譯文及解說：

於是命令羲氏族及和氏族管理天文；觀察日月星辰記錄下來，教導人民時令節日。命令羲仲氏住在中國東方濱海處的一個叫暘谷的地方。恭敬地祭祀太陽，引導她升起，辨別春耕次第使人民春作；當日夜長短均等時，黃昏時就可以看見組成鶉首、鶉火及鶉尾的星鳥，這時是春分時令。人民都分散在田間開始耕作；鳥獸也

都交尾繁殖。命令羲叔氏住在中國以南的交趾。要他辨別夏耕的次第，謹慎地測量。這個地方白晝最長，一到黃昏可見大火星次，這時是夏至時令。人民都解衣下田；鳥獸也都開始脫毛。命令和仲氏住在中國西邊叫昧谷的地方。恭敬地舉行祭祀，送走太陽，按等第考察秋收的優劣；這個地方日夜長短也是均等的，一到黃昏可見星虛，這時是秋分時令。人民都去平坦的地方居住；鳥獸也都生出毛來。命令和叔氏住在中國北邊叫幽都的地方。要他辨察隱伏藏匿之物事。這時晝短夜長，一到黃昏可見星昴，這時是冬至時令。人民都家居以避風寒；鳥獸又長出柔細絨毛來。

我們無法確知此文之中的星鳥、星虛及星昴是否殷商朝以前就知道，或者殷商朝以後直到老子之前才曉得？因為《尚書‧虞夏書‧堯典》是經過孔子整理的，而且據說是周朝開國後周公編纂的。星鳥是否包括鶉首、鶉火及鶉尾，或者只是指鳥面形的鶉首尚可質疑？但是4000年前已經知道大火星次在南半天，而且根據文本中的羲叔住在南方的交趾，黃昏可見南方的大火星次，更進一步確立了星火。

再根據以下兩種文獻，進一步推測M4超新星爆發的年代：

殷墟出土的甲骨文上刻的：

「七日己巳夕有新大星并火」

譯文及解說：

這個月的七號晚上，有一顆新大星爆發發火了。

所指的是超新星爆發，甲骨文是商朝遷都殷時才出現的文字，東周的左丘明著作的《春秋左傳》是當時最常記載星象的史書，他記載了下列這一段話。

《春秋左傳》：

「陶唐氏之火閼伯居商丘，祀大火，而火紀時焉。」

譯文及解說：

唐堯氏族主司管理火的叫閼伯，他住在商丘這個地方負責祭祀大火，以便以大火的星次來記歲時。

綜合上述兩種文獻，從《夏小正》我們知道4000年前已知道大火的M4超新星，而且和心宿或者尾宿有關。所以1500年後由第二句左丘明講的話，實際只是重複指同一件事，而他把商朝的閼伯(《靈台秘苑》叫做周伯)與M4超新星連繫。但是這個工作還得靠老子在西元前532年發現玄枵尾部的M57超新星，才鼓勵當時的占星者梓慎、裨灶等等人物以及左丘明傳播M4及M57超新星爆發之事，因此造成歷史文獻上對這兩個超新星混淆不清。

簡而言之，老子發現的M57超新星爆發，鼓勵了占星者和史學家重新檢視前人發現的M4，因此才知道商朝出現的甲骨文記載了并火。可能到了西周的建立，這團超新星爆發的歷史為了便於記憶，就被命名為商星。

那麼與左丘明同為魯國鄉親的孔子，是否也搭乘了這一波M57爆發後的浪潮而瀰漫在我國的歷史上？一如英國的培根在SN1604超新星爆發後，拋棄以前的浪漫生活開始做起學問來，因而相繼引出了伽利略、牛頓、赫胥黎的創新，一直到現代的科學浪潮？

「七日己巳夕」若照周朝編寫的《尚書‧召誥》的記載哪一天的習慣，己巳是指這個月的七號輪到干支的己巳日，在這裡並不是指己巳年。我國古代60天干地支是輪流用來指哪一年或哪一天（也用來指哪一月），因此光憑干支沒有上下文是不能決定年代的，殷人所管的地區就命名為今心宿二(M4)所管的分野。

周伯客星爆發後3000年在西元1006年可能被北宋司天監看到，但是因為皇家有禁令說私人不得私習天文，所以周伯客星再出現的事只能在士大夫之間暗中流傳，一直到非官方的野史《玉壺清話》記載了該年有一顆星星在天上氐座的西方，「光芒如金圓」，沒有人認識她，其實關心天文的士大夫可能都知道這團超新星是周伯客星。就是這一段野史讓我們能夠知道周伯客星爆發後3000年看起來「光芒如金圓」，一如2500年後的現代看M57超新星一樣是「光芒如金圓」。

《玉壺清話》的作者文瑩是一位僧人，他喜愛藏書，蒐集古今文章著述最多。他收集有北宋初年到寧熙期間文集數千卷，其中包括神道、墓誌、行狀、實

錄、奏議之類，他和唐宋八大家的歐陽修過從甚密。

關於周伯客星他說：

「春官正周克明言：『按《天文錄？荊州占》，其星名周伯，語曰：其色金黃，其光煌煌，所見之國，太平而昌』」。

譯文及解說：

按《天文錄？荊州占》這本書來講，這團超新星叫周伯客星，上面說：「她的顏色是金黃色，發出明亮的光芒，所對應的國家，太平而昌盛」。

但是這團周伯客星到現代恐怕也有4000年了，所以我們看到的是周圍散佈爆發出來的眾多獨立星星，不再是「光芒如金圓」了。但是在星團的中心部份仍可以看到棉絮狀成曲線或直線的星星組合，這是乾枯期早期的變化。沒有變化的星星集團，年代應該是更久遠了。

梅西爾當年用以觀察的天文望遠鏡最接近古代的用肉眼觀察，但不如現代觀察星象所能用儀器看到的視野仔細且深遠，所以M分類最能代表我國古人所見。

今天看到的M80以上年齡的球狀星團，看不出有如同剛爆發時有纖維狀影子的痕跡，只有核心白色星星雲團、以及因乾涸而噴出的大量星星。所謂纖維狀影子是筆者憑觀察顯微鏡下組織病理變化的影像得來的經驗，在天文觀察上代表的是星球之間的影子，如果從地球上用望遠鏡看來顯得不平滑，一如在顯微鏡下看染色的彈性纖維(或者日常生活中摸到的橡皮筋)顯得崎嶇不平滑一樣**圖3-32及3-33**。

表一中編號3的是記錄在《竹書紀年》及《春秋左傳》的西元前532年的婺女的一顆超新星星雲，這團超新星在梅西爾星雲星團表編號M57的是一團位於織女星附近的超新星，她屬於天琴座，是在玄梧的路徑上，可能是老子看到爆發的超新星。

這團超新星已爆發2500餘年了，所以以可見光及紫外線攝影看不到像M1、M27、M76一般膨脹的影子，反而不再膨脹而呈現收縮完成的影子。若用紅外線攝影機拍，則該層皮質只剩下紅色的纖維狀影子纏繞。在這兩種情形下，背景星星

多了起來。如果再經過假色處理，則像一粒臭蛋的模樣，其內部椎質呈現藍色，中間是白色，外部的皮質被濃密得像纖維狀的蛋黃色所填塞，只有少數背景星星的影子。

張衡（西元78-139）是我國著名的太史（管天文星象的官），他在著作《**靈憲**》中提到：

> 「故有列司作使，曰老子四星、周伯、王逢絮、芮各一，錯乎五緯之間，其見無期，其行無度，實妖經星之所，然後吉凶宣周，其詳可盡。」

譯文及解說：

所以天上星官以外還有老子星、周伯星、王逢絮星、芮星各一個，這些星星不像各星官在一定的地方及一定的時刻出現，而是或隱或現，沒有一定的節度可預測，飄忽不定實在像妖怪一樣，我們可以根據她的行止判斷吉凶，詳細到細節。

張衡的時代已距M57爆發600年了，這個時候東漢班固已經掀起「罷黜百家，獨尊儒術」的風潮，張衡處在這樣一個講求典型的儒家思想衝擊下，他應該是不受這波政治影響，只憑專業根據老子《道德經》28章的內容做出判斷，同樣是管星象的東周大史的老子看到了這團超新星爆發，從歷史知識判斷可能是張衡把她叫做老子星。

老子、司馬遷、班固都是當時政府的管天文的官員，而且這個職位可能都是世襲的。到了張衡的時候這個官職可能已不是世襲的了，然而他卻把M57超新星命名為老子星，不寧有推崇老子這位前輩的意思。

再經過了約1100年，根據《靈台秘苑》的作者、北周至隋朝的星象者庚季才，和隨後唐代的星象者李淳風撰寫的《乙巳占》都登載了老子星。其所繪的星圖簡略得只是一個圓圈代表他們所看到的M57超新星，如果依經過的年歲推算，當時的M57形狀應該類似今天看到的M1超新星。

老子的「自然」思想面臨春秋戰國百家的競爭，最後儒家終於在我國進入大一統時，於班固參與的白虎觀會議得勝，張衡就是在這個會議之後進入皇家服務

的。

　　雖然老子在我國的歷史上是神秘人物，其之所以神秘，一是因為他的《道德經》以及《大一生水》看得懂的人太少。二是因為孔子的儒學容易看得懂，因而主導我國社會達1850年之久。因此使得民間奉老子為迷信的崇拜對象，這全是由於對他的缺乏了解的關係。

　　老子的思想因為被競爭者曲解，以至於自動被支撐到西漢的黃老之治，在政治上終於功虧一簣而漸漸被儒家取代。但是老子的思想在民間的聲望並不因政治失勢而有所詆毀，反而實際影響老百姓的生活。

　　就磁與人們的作為之關係來講，比起蟹狀星雲早1586年爆發的M57超新星不是正在膨脹的樣子，反而呈現出已收縮的行星狀星雲(Planetary Nebula又叫環狀星雲)模樣。同理邵雍40餘歲時，正逢M1超新星爆發，推測他在象數上的論點"加一倍法"卻有其獨特的造詣，但是他卻自稱1500年來只有其本人可與孔子相比，筆者認為邵雍心中講的是老子吧。

　　最後討論1987年在地球南半球天空爆發的大麥哲倫星雲（Large Magellanic Clouds）裡的1987a超新星，水磁即時從南半球天空超越到北半球的日本地下礦坑的檢驗站被檢驗出來，不被地球的地層影響，且該時刻地球上的生命都受到這波水磁的衝擊這一事實，印證古代的占星不可以說是毫無根據的。

　　從**圖3-30及3-31**可看出1987a爆發後造星物質本身呈現一副在一圈像乳頭的紅色成圓環形的纖維狀影子上，塗上一圈乳暈狀黃色或粉紅色的奶油圈，並且在奶油上點綴一串白色的燈泡，中央的乳頭則先由白色變成一片土紅色的纖維狀影子，與黃色或土紅色的乳暈隔空相對。1987a爆發後也產生一圈環系繞著造星物質本身旋轉。在這個環系上，也有一顆白色的燈泡附著在其上，一如太陽的四大行星在其行星環也有小衛星在其上一樣。在**圖3-28及3-29**所看到的兩個環系，其實是一個環系重複曝光的結果。

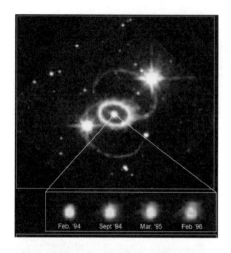

圖3-28

1987a於爆發後出現環系（一如木、土、天王、海王星的行星環）。環系隨著位於內部的造星影子旋轉，相片中的雙環系圍繞造星影子旋轉，其實應該只是單環重複曝光的結果。環系上初期的燈光影子隨造星影子變化燈光強弱，筆者認為環系將來可能變做類似行星環，環系上的燈光將來可能變成類似行星。

圖3-29

1987a.造星影子由類似草莓蛋糕周圍點亮蠟燭，核心由一團白色到土紅色乳頭狀造星影子組成。

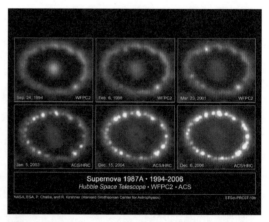

圖3-30

1987a.造星影子開始時點亮的蠟燭不多，核心的乳頭狀造星影子最初是白色的。迄今才20幾年蠟燭越點越多，乳頭狀造星影子仍然成為一團，其顏色越來越變成土紅色。

（圖片3-28~3-33來源：美國NASA）

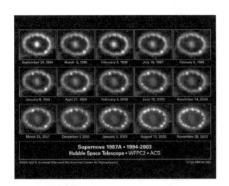

圖3-31
1987a.更詳細的造星影子的變化。

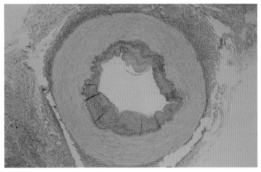

圖3-32
這是動脈血管彈性纖維的染色變化，彈性纖維
染成棕色，成為一個圈圈內襯在肉色蛋糕狀的
管狀物質上，類似造星影子。彈性纖維也在肉
色的蛋糕狀物質外緣上出現。

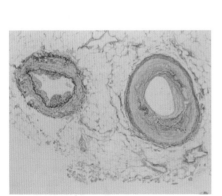

圖3-33
皮膚下面組織出現的動脈與靜脈血管的彈性纖維
染色，右手邊是動脈而左手邊是靜脈。右手邊棕
色彈性纖維內襯在肉色的蛋糕狀物質，這一層和
肉色蛋糕狀物質之間有些鈣化。蛋糕狀物質外緣
的紅色襯套是膠質纖維。左手邊靜脈肉色蛋糕狀
物質的內襯是一張明顯的棕色彈性纖維膜，再裡
面有不規則的棕色彈性纖維狀物質。以現代的細
胞病理學來講，彈性纖維是由纖維芽細胞生成
的，那麼造星影子是不是也應該由所謂造星細胞
生成的呢？

155

以顯微鏡觀察組織病理比較以天文望遠鏡觀察星星的影子其結果類似，但是
和前面提到的看莫拉克颱風的紅外線衛星雲圖比較起來，紅外線衛星雲圖是雲團，
而天文望遠鏡觀察星星的是影子，兩者不同。莫拉克颱風侵襲台灣島地區的一天半
前，一度雲團在西北太平洋變成一隻甲蟲樣子朝著台灣島地區前進，同時伸出長長
的觸角彎向琉球群島及日本列島的上空，結果對民眾的生活造成前所未有的影響。
筆者寧願以莫拉克颱風的外在形象（或者影像）關連到天上星星的實際影子，用來
說明西方平面數學的缺陷。也許上述的所謂「影子」叫做「影質」較恰當些？莊
子說的罔兩？或者乾脆用「磁」等等的名稱好了，下一卷將討論磁學。

卷四.
磁學今說

磁學今說

一. 磁的影質基礎說及指南針檢測

　　既然在天文方面甚至於在顯微鏡下我們所討論的影像其實是影子，則我們改用影質這一名詞也許還說得過去。1987年在南半天的大麥哲倫星雲有一顆超新星爆發，微中子洞漩流來穿過地心超越到北半球的日本，被在一公里深的地下廢棄礦坑底層裝置的檢驗設備檢驗出微中子來，有10幾個微中子即時通過。我們有理由相信這些檢驗出來的微中子和未檢驗出來的未知物就是磁的痕跡，因為磁的超越是不受任何物質存在的阻礙的。所以磁不是什麼都不是，只不過在現代能檢驗出磁存在的工具有限而且費用昂貴不能普及而已。

　　前面說過在電離層以下的環境物理化學檢驗結果是均質的，但是一變化起來磁卻是非均質的，以我國「陰中有陽，陽中有陰」的傳統觀念來說，環境的變化可說是屬於陽，磁的變化屬於陰。所以刮風、下大雨、閃電乃至於颱風、地震、海嘯等天然災變都是磁與環境的陰大於陽的變化，反之風和日麗則是陽大於陰。這個現象姑且名之為現代的「陰陽說」。

　　台灣島的嘉明湖是一個史前隕石坑，在幾公里的近距離有時可以感應指南針，並非只有北極星方向才能感應指南針，但是如果距離遠至100公里，就感應不到了。但是因為指南針是在地球超越，而在宇宙間水磁流動有北極星方向可作為指標，所以我們在地球上玩圓盤型指南針時，也必須在指南針裝置上有一個固定的直線邊緣，作為在地面上辨認方向的參考依據（以在移動的舟車上為例，看指南針時直線邊緣不變動而指南針轉動，但是辨認方向時直線邊緣變動，而在地面上的方向不變動，由此找出指南針轉動與地面上方向的關係。考慮指南針不是在大氣生命圈外使用，而是在圈內使用的現實情況，不得不如此）**圖4-1**。

157

如果在大致方向沒變的移動舟車上間隔一段時間(例如同一方向移動了10公里遠)，靜置在車上的指南針有時回頭轉向類似相反的方向，則大地底下可能有史前隕石坑。

老子的時代沒有輔助視力的工具，僅憑肉眼可能無法看見月球表面有很多窟窿，不像現代用天文望遠鏡看得到月球表面佈滿了大小不等的隕石坑，所以老子在地面觀察無法想到他的周圍有土磁存在，事實上地球上除了地上的隕石坑如嘉明湖外，可能地底下還有古老的隕石坑存在。但是老子自己知道他被古代防止刺客侵入宮殿行兇所建設的磁石門保護，而不只是今天我國考古發現的秦朝磁石門的痕跡而已。老子自己講被磁石保護之事出現在《道德經》67章。

《道德經》第67章：

天下皆謂我道大似不肖。夫唯大，故似不肖。若肖久矣，其細也夫。我有三寶，持而保之。一曰慈，二曰儉，三曰不敢為天下先。慈故能勇，儉故能

圖4-1　圓盤型指南針。

廣，不敢為天下先，故能成器長。今舍慈且勇，舍儉且廣，舍後且先，死矣。夫慈以戰則勝，以守則固。天將救之，以慈衛之。

譯文及解說：

天下的人都懷疑，我老聃說的被水磁激發的「大一」洄漩流出的水磁，經過萬物之經再流到萬物之母到位的話，好像超越不到小地方。就是因為洄漩流出的水磁所到達的範圍太廣泛了，所以超越不到小地方，這是不是由於水磁的量有限呢？如果超越到小地方太久了，那麼也就管到瑣碎的小事了。我有一個秘密，我這位周王室大史負責觀看星象，但是我的觀察報告卻常被丟在一旁。我有三樣寶貝，第一項寶貝是磁石，大家都叫她做慈愛的母親。第二項寶貝是儉樸，所以能使水磁在萬物之母到位，第三項寶貝是寧作為天下人的後盾，也不敢居於天下人的前面，所以能承接洄漩流出大一的水磁，流出萬物之經，進入萬物之母的「德」的門坎。有了磁石，所以能勇敢不懼。篤行儉樸，所以廣為人稱道。不敢居於天下人的前面，所以能使身外的器物有利於人民。如果今天捨棄磁石以及勇敢不懼，捨棄儉樸以及廣為人稱道的優點，再加上捨棄後面，爭著跑到天下人的前面出風頭，那就只有死路一條了。磁石的功能是應戰進攻就會得勝，防守陣地也不會被敵人攻克。如果天將救助快要吃敗戰的陣地的話，那麼只要用磁石來防衛就行了。

上述的語氣像不像老子在自說自話？長期被磁影響的人確實有這個可能，但是以老子這樣高齡的人來講，他被磁石影響所說的道理是不是很中肯？而這就是值得我們學習的地方。

那麼要追究老子的思想，就得追究使老子有這種想法的磁石門，照理說這樣的磁石門應該在「東周王城」及「成周新城」找得到，如果能證實這兩個古城有磁

159

石門，也許就能間接找到老子的思想由來，而這正迎合假設老子之認為北極光或磁石現象，與萬物有靈以及人們的作為有關的問題之解答。像這樣以一個假設回答另一個假設，在磁學（sciencem 或science magnet）是很普遍的現象，只因為磁是無形的影子，和針對有形物質的科學想法或看法不同。自古以來的占星就和老子的這種認知有關。

《莊子內篇・齊物論》：

> 昔者莊周夢為胡蝶，栩栩然胡蝶也，自喻適志與！不知周也。俄然覺，則遽遽然周也。不知周之夢為胡蝶與，胡蝶之夢為周與？周與胡蝶，則必有分矣。此之謂物化。

譯文及解說：

從前莊周（莊子）作了一個夢，夢見莊周是蝴蝶。一隻蝴蝶可以在夢中的夢之中，很自在的飛翔。當夢中的夢醒了，就變成夢中的莊周。其實不曉得夢中的莊周是不是夢中的夢裡的蝴蝶呢？還是夢中的夢裡的蝴蝶是不是夢裡的莊周呢？那麼夢中的莊周與夢中的夢裡的蝴蝶必有所分別，這就叫做物化，物化是界限分明的意思。

我們若全部以磁來解釋莊子寓言裡的蝴蝶與莊周，則可以想像夢中的夢講的是水磁，因為莊周與蝴蝶兩者都在夢中之夢彼此都不互相知道，磁是與我們這麼親，以至於我們生活在其中而不自覺，一旦蝴蝶與莊周必須俄然醒來兩者這才有分別。譬如想像在大氣生命圈外，我和水磁在一起，所以沒有我。但是乘著極光回到大氣生命圈的時候，就會感覺到周遭事務，這時與大氣生命圈外的經驗不同，換句話說好像從宇宙進入大氣生命圈在空中茫茫然醒來了，這才發現剛才在做夢中之

夢，而原來在大氣生命圈外沒有分別的水磁這時可能變成氣磁。要是真的發生在大地上生活的人們身上，土磁就會在這裡加入。真實世界裡除了水磁、土磁與氣磁外，還有罔兩與物形。所以說莊子的**蝴蝶夢**應該適用於幾近2400年後的現代。

我們所過的眼睛睜開的生活中除了看得到的物形，也有看不到的罔兩，罔兩是包括身體能經驗到的無形。如果眼睛閉起來也可憑感覺觸摸物形或聽聲音，就像視障的人一樣。聽障的人憑視力看到物形，她因為聽力障礙所以憑目視能力過生活（似乎人類「視」的本能被磁的影響比聽覺被影響來得大而且顯著）。

電磁感應是法拉第（Michael Faraday 1791-1867）發現了直流電動機原理後才被人廣為應用的，所以我們今天一方面應用電磁感應外，還應該研讀古人的水磁著作，尤其是老子和莊子的。

二. 水磁

假使把現代的「陰陽說」應用到大氣生命圈以外的電離層以上的宇宙，則穩定的極光配以不穩定（表示對人類有害）的電離層，就成為陽大於陰的情況。但是在這樣的高度可不是風和日麗，越趨近太陽越有被烤焦的危險。水磁在這裡是穩定的少數，如何應用這裡少數的水磁以做星際探險的燃料，是我們應嚴肅面對的問題。

假使在大氣生命圈陰大於陽，那閃電、颱風、沙塵暴、地震來襲可也不好過日子。但是我們從這裡也許終於能知道，磁在這些天災裡扮演的角色。

大氣生命圈指的是80公里的中間層頂以下包括光化層、臭氧層、對流層到地面或地底，除了水磁從宇宙迴漩過來流到大氣生命圈之機轉外，相反的大氣生命圈的氣磁如果超越進入圈外就變成水磁。

從老子著作的引用及筆者的推測，我們可把超越定義為；(一)磁在大氣生命圈之運動之謂，就像水磁在宇宙裡從北極星方向迴漩流過來一樣的運動，但是對於後者我們不叫超越。(二)超越的情況例如土磁是由地球的隕石坑來的，氣磁是水磁由北極星方向迴漩流來進入大氣生命圈變成的，而圈內的水磁應該是有水份的地方就有水磁。但是水磁不與水份含量成正比，這是筆者根據老子的《道德經》內容得到的結論。在大氣生命圈內的水磁、土磁及氣磁都有方位，實用上利用圓盤型指南針考察這種看不到的超越是個可靠的工具。

那麼大氣生命圈的水磁是個什麼形式呢？她就像迴漩的水一樣是一面累積或漸減，也有漩渦，但不會像孔子所想像的那樣是靜止的。老子把她當做流動的水看待，而且都能經由她的迴漩達到目的。

西元前256年秦國蜀郡太守李冰父子在現在的都江堰地方興建水利工程，他把四川的岷江分成外江和內江，內江的水是計劃用來灌溉成都平原的。李冰利用竹籠裝石塊投入江邊以防止泥土流失。若根據本書卷六尾所提到的修柏格的觀念，利用岸邊的漩渦使江中心不同溫度的流水混合而快速通過，則榫尾（竹籠裝石）的作用是製造岸邊的漩渦。也可說是漩渦是水磁的表現，但是水磁和漩渦不是同一回事，漩渦看得見，水磁卻不一定看得見。

三. 土磁

《大一生水》的「下，土也。而謂之地」，應該可用來建立土磁的文字依據。土磁是來自地球的隕石坑如台灣島南部的嘉明湖，她在地球來講都是屬於大氣生命圈的。

土磁的方位是和生物的實質部分有關，就拿人來說，骨骼和生殖器在遠紅外線照射下呈現最冷的假色，這可能是決定土磁方位的根據。

假使回到能源低下的古代，那麼古代能源缺乏人類的活動被限制在地面上，我們現在讀《道德經》與《大一生水》，難了解的是老子根據這些在地面上的活動所做的推理。

《道德經》第26章：

「重為輕根，靜為躁君，是以聖人終日不離輜重」

譯文及解說：

重的是輕的的根本，安靜是煩躁的君主，所以當官的自然人整天離不開沉重的責任。

人的重與靜的性質就是土磁方位的性質。以大氣生命圈而言，不急不徐的水磁色彩，和狀似爆發活潑、活動範圍不受限制的氣磁色彩，都靠土磁在支撐。

地球的土層或海水底下的隕石坑所產生的土磁，與宇宙洄漩流過來的水磁一碰到就可能產生方位，假使這個方位是在地表，她所產生的土磁方位才是影響磁浮列車軌道的進行方向，這個影響就像磁石對指南針的影響一樣。

四. 氣磁

「上，氣也。而謂之天」是《大一生水》中關於空氣所到達的範圍的描述，古人無法了解大氣層所以這麼說。

氣磁和地球隕石坑超越來的土磁相碰所以應該也有方位，而宇宙來的水磁進入大氣生命圈之後變成氣磁。雖然飛機飛行主要在10公里以下的低空進行，接近地球的隕石坑，但是除了像百慕達三角對指南針有影響外，可能氣磁利用這些隕石坑的土磁來源的機會要比來自大氣生命圈外的宇宙的水磁小，因為指南針所指的方向恆指北極星方向。

練氣功的人發功產生效果應該是可能的，我國氣功應該是和土地有關係，東方的呼吸吐吶現代主要用在人體的保健上。

牛頓的萬有引力定律只是根據伽利略的本質實驗湊合平面數學而來，其實在大氣生命圈的磁浮才可能是決定物體能不能在空氣中飛行的因素。能在空中飛行的生物要靠自身新陳代謝所產生的能量，同時物體結構要適合飛行。假使是物體的話，在空中飄浮要靠燒燃料或比空氣還輕的氣體來支撐。浮力的來源可能是來自宇宙的水磁進入大氣生命圈變成氣磁後，和隕石坑超越而來的土磁在空中接觸，而產生方位及浮力。

飛行的鳥類會產生一種爆發性，但絕不是慢吞吞的運動，飛禽或蜂蛾也利用自身的能量和方位振翅拍打空氣飛行。我們在候鳥或蜜蜂身上發現牠們有歸巢性，而且檢驗出牠們體內有磁鐵蛋白，所以可能是氣磁和土磁接觸所產生的方位進入飛禽的磁鐵蛋白，使飛禽能辨別方向及歸巢。如果以相同的機轉看我們人類自己，就可說是磁超越到「德」而到達自己的方位。一如莊子所說的我們活著，所以能知道我們的方位，假使死了就什麼也沒有了，這點是和古埃及人的想法不一樣的地方。

如果能在飛碟下面設計一具完全利用閃電原理或極光的引擎，就好像火箭燒燃料或飛機燒汽油一樣，那麼靠這種氣磁或水磁在大氣生命圈內，或靠圈外的宇宙裡的水磁飛行是可能的。比起土磁的方位與人的關係，以及比起地面上的磁浮列車，如果用閃電原理在大氣生命圈內驅動飛碟，雖然可能比土磁及磁浮列車有效，但是效率可能沒有飛碟在圈外好，因為發射火箭到圈外後沒有土磁的阻力，而在大氣生命圈內有土磁的阻力。由於對老子的水磁一般人現在可能沒有概念，因此這種引擎理想雖理想，但是距離實踐還遙遠得很。

如果以閃電或氣磁驅動飛碟是可行的話，那麼氣磁的方位會不會影響引擎的操作？這樣想來那麼地面的磁浮列車行進時，是否應該考慮土磁的方位問題才決定路線？

龍捲風是一團忽然在平坦的大地或海上發生局限性旋轉且可向上方延伸的風暴，其所經過的地方之建築物、車輛或家畜都可被捲到天上，但不會像飛機失事一樣，電流突然停止而落地。

世界上陸地上的龍捲風75%發生在美國的中部及東南部，其原因是這些地區地面平坦。像我國地形崎嶇、坡度陡峭，龍捲風只發生在平原及沿海地區。經由我國和美國龍捲風發生的頻率之不同和地形的關係來推測，大氣生命圈的氣磁是可被高山阻隔的，所以在美國龍捲風通行無阻，因為那裡沒有高山。

五. 電磁感應及磁的比較

馬可尼（Guglielmo Marconi 1874-1937）是無線電報的改良者，他最初的成就是使無線電傳播距離從別人的數百公尺增加到數倍距離。在他之前無線電傳播已經有50年的研究歷史。他利用風箏繫天線連接地線，能夠做更遠距離的傳播，以至於遠至越過英吉利海峽。後來他搭船到紐芬蘭去接收從中美洲牙買加一座170英尺高的無線電波發射台傳來的訊號，結果他收到了。無線電傳播是靠兩端的無線電頻率相同，而產生共振的電磁感應，再經過真空管放大使訊息往來。到今天已用電晶體或積體電路代替真空管，但是原理還是一樣。

但是越洋傳播過程是怎麼完成的？科學界把實驗室所看到的結果當做在天空作用時也是一樣，那是規避問題之舉。根據德國科學家赫茲（Rudolf Hertz 1857-1894）依照馬克士威（James Maxwell 1831-1879）的磁場理論做的實驗，有導線的電流只能跨越無導線段12公尺之遠而已，絕不能跨越大西洋。

法拉第發現以磁鐵插入銅線圈中，銅線圈會感應產生電流。接著馬克士威只憑數學演算，就把他想像中的導線之間的空隙也能導電的現象叫做磁場，而原有的導線導電現象叫做電場。那麼像這樣的電場、磁場互相交替的傳導方式，怎麼可能跨越大西洋呢？所以筆者認為無線電的電子傳遞的過程中應該有氣磁介入。而這個氣磁在80公里高的中間層頂就反射回地面。所以氣磁是非電子的無形傳遞過程，與磁場不同，由此我們還可以認識氣磁的存在，以及土磁和水磁之在大氣生命圈的真實性。人類進入大氣生命圈以外的宇宙還能夠和地球上的人通訊，表示大氣生命圈不能阻止人類在該圈以外的水磁中和圈內的人通訊。

在水中潛水艇靠聲那偵測物體，回音回來要靠聲波傳遞訊息，但是除了聲波在水中傳送的物理知識外，水磁也必然佔有不可或缺的地位。這就好像在現實的世界裡，雖有0、1二進位的電算機，陰陽也是不可或缺的一樣。潛水艇在水中要怎麼決定方位？靠的是慣性。

可以說在空中或水中的氣磁或水磁我們只知道她們的存在，至於她們的分別就不是很清楚了。但是磁雖然有時看得到有時看不到（那要決定於你怎麼看她），一旦被認為理所當然存在的話，磁就在那兒。

卷五.
從實例看磁文化

從實例看磁文化 _____

一. 杜聰明與柯源卿的自然實驗

　　台灣日據時代第一位本土的醫學博士杜聰明（Tu, Tsungming 1893-1986）成長於日本殖民政府治下，日本人戰敗從台灣撤退回國後，由他接長台灣總督府醫學校，及設立戰後收容回國留日醫科學生的醫學專科學校。在日據時代就已由他主持台北醫專藥理學教室當家做主，他替科內人員訂定出適合中國人的研究題目：（一）中藥在國人已有數千年的使用歷史，他認為雖然歐美、日本已斷斷續續做過不少中藥的成份分析，但究竟未能把握住整個中醫體系的精髓，這付擔子還是應該由中國人來挑。（二）當時台灣還有數萬人登記吸鴉片，他鼓勵研究鴉片的藥理，今天還在使用的尿液檢查法就是他發明的，他還主持公立的鴉片煙戒除機構。（三）他領導台灣蛇毒的研究，他認為雖然我們設備落後，研究要研究材料容易取得才能進行，他的口頭禪是「研究第一」。他培養的繼承人李鎮源（Lee, Chen-Yuan）說杜聰明的論文從來不包括「討論」（Discussion）這個項目，因為他的老師說把事實寫出來最要緊，數據列出來後，再寫個結論就好了。

　　杜聰明所採用的多半是傳統生理實驗方法，以觀察記錄實驗動物的反應為主要研究內容，當時還沒有生物化學或者毒物學這些學門，生物是生物，化學是化學，彼此涇渭分明。

　　到了李鎮源教導後輩把「討論」列入論文寫作，在加上他的老師選擇的蛇毒研究的獨特性以及李鎮源的天賦，終於使蛇毒研究於1976年在國際間大放異彩。但是就如筆者所說的，西方的科學自從赫胥黎鼓吹後，到今天已經脫離自然實驗有百年之久。就拿李鎮源的蛇毒研究做例子，固然後來的生物化學以及毒物學相繼成長，生物化學也進步到分析生化分子晶體的一級、二級乃至於三級結構，但是這僅

就根據別人的論文所「討論」出來的條件設計出來的實驗。如果這個實驗不包括沒有討論到的因素，那麼這個實驗所預期的結果是不是有可能不如預期？雖然這個實驗本身並沒有出錯，所以要做自然實驗還是不一定要有「討論」這一項。

杜聰明和柯源卿（Ko, Yuan-Ching 1920-2000）兩人做研究都不重視討論的原因，筆者認為是因為西方科學已經脫離了自然實驗的範疇，變成吹毛求疵而且必須因循苟且才能公開發表的境地。

杜聰明的兒子杜祖健（Tu, Anthony）在西方以研究海蛇毒與李鎮源研究台灣的蛇毒同樣聞名於世，但是杜祖健說自己的海蛇毒研究，都是像到泰國實地考察海蛇的生態以及觀察被海蛇咬傷的病人後得來的結果，並不像有一些科學家從來沒有看過毒蛇也可以寫一大堆蛇毒論文，杜祖健還說他出國留學的時候，他爸爸送給他一些台灣蛇毒的樣品。筆者認為杜聰明之所以不重視討論而只重視結論，並且要他兒子研究要重視實地考察，這表示他的「研究第一」的「研究」是自然實驗而不是科學。柯源卿的講求「研究」的原始性，意味著做研究並不須要討論，只要把你的結論寫出來就好了，因為「討論」應該可有可無，如果有的話表示這個研究還有疑問，那就不應該發表出來。但是目前學術界的做法是這個疑問只有最頂尖的學者才能夠決定是不是有疑問。再假定一個學說本來是一個歷史性的錯誤，那麼要決定有沒有疑問的人本身就是有問題的。像這樣的一個學術制度是否真理不見得能夠彰顯？如果再加上有意識或無意識的操作，真理就更加不容易明白了 **圖5-1**。

柯源卿在《醫的倫理》講到「無」沒法證明這回事使他很焦慮，那是因為早年台灣衛生當局於霍亂流行後檢查數千個檢體，然後公開宣佈全部陰性有感而發

的。

　　在日本殖民者的統治下柯源卿小時候在儒道家庭長大，及長進入帝國東京大學就讀醫科，畢業後在日本鄉下肺結核病院服務。二次世界大戰後回到台灣從事公共衛生工作，一直到退休以後還是繼續幫助後輩從事他們共同有興趣的研究。

　　他在日本接受德國式的醫學教育，德國的魏爾嘯（Rudolf Virchow 1821-1902）和柯霍（Robert Koch 1843-1905）分別建立細胞病理學和研究動物的炭疽病細菌學，兩位在19世紀下半葉聞名於世。西方自從400多年前吉爾伯特停止研究天然磁石後，磁的研究刻意被伽利略忽視，導致後來的磁的研究只限於在導電的路徑上，或代之以無足輕重的磁滯，造成了老子的《道德經》的價值在東西方都被忽略。

圖5-1　杜聰明教授

柯源卿所面對的「無」沒法證明的問題，出在西洋科學的統計學沒辦法回應你所提出的問題，也因此不得已他們應用西方平面數學的歸納法來做統計上的分析，所得到的答案雖然分成有統計上的意義或沒有統計上的意義兩種，但是沒法證明「無」，台灣衛生當局當時連統計都沒做就宣佈全部陰性。有學者研究某疾病找不到病因，就隨便抓一個當地已有的毒物對外宣佈這就是某疾病的病因，因此柯源卿心想要是能夠證明「無」就好了。然而西洋統計學所得到的結果如果不能說是有關聯的話，也沒有辦法告訴你無關聯，以便你知道這個研究不必再做下去了，這就是西洋科學的盲點，也是西方平面數學的盲點。我國象數的做法，不僅是如此而已。

柯源卿的「無」的焦慮可以說是照老子的「自然」的說法，原本應該是「無」的水磁從「大一」洄漩流出進入天地變成「有」，最後超越到萬物之母而到達方位。現在反過來要由萬物之母的方位證明「大一」生水磁的「無」，這就像是要倒過來走路一樣。除非像《道德經》40章所說的「**反者道之動**」，意思是說「大一」洄漩流出的水磁如果夠強大的話是會逆流的之情況發生。這種情況連莊子都評論說：「**可傳而不可受，可得而不可見**」，意思是說「道」（水磁）是可以傳下去但沒辦法接收過來，可以得到她但是看不到她，一般的情況下，怎麼可能為了證明「大一」生水磁的「無」，就要反過來向上逆游《道德經》的路徑呢？

柯源卿因為受到西洋思維的影響又在傳統的儒道環境下成長，回國後在環境劇變中的現代化台灣家鄉工作，難怪他有「無」的焦慮。

他從小就受到儒道家教薰陶，成長後接受西洋教育，回到台灣後他所住的日式宿舍大門上，還掛著一面避邪鏡，以防邪物侵入屋內傷人，可見得柯源卿就如同大多數的台灣人家庭一樣，是遵守傳統的儒道家庭。

還記得柯源卿在指導筆者做論文時要求先觀察及做文獻回顧，然後推理再寫

下結果（Result）及結論（Conclusion）就可以了。方法（Method）一項只記得他要求觀察，他並不重視實驗，這跟自然實驗重視「自然」不重視實驗如出一轍。他也教統計，但那是出於他個人讀書的興趣和課程的安排有關，不像現在的統計學者嚴重依賴電子計算機。他不懂得使用計算機，他只靠卡片來做必要的統計。他寫論文從來不重視引用的文獻，因為他認為自己的研究都是原始性（originality），實在沒有文獻可引用，但是他之要求筆者寫文獻回顧，乃是因為那是歷史文獻的關係 **圖5-2** 。

　　日本教授橫川定（Yokogawai）在台灣總督府醫學校任教時，於1912年在台灣島北部發現侵襲肺部的橫川吸蟲 (Metagonimus Yakogawai)而揚名，台灣光復後有一位醫師進入該科，升任教授後患了不良於行的殘障病，為了研究肺吸蟲他還是在台灣南北奔波去叫人抓毛蟹來檢驗，如果該條河流的毛蟹檢驗不出肺吸蟲，他甚至於找當地抓到的毛蟹購買來吃，像這樣對於自己的研究有信心來講，根本不必有「討論」這一項。

圖5-2　右側為台灣公衛前輩柯源卿教授，左側為筆者，吳振上先生攝影。

二. 水磁與緩衝

我國的風水命理有一個說法，如果買了路沖的房子（房屋正門面對路口），因為水磁從天上流下來衝到大門前，居住在此屋的人會有災禍，除非門坎墊高讓水磁改道，或者用其他避邪方法才能改運。也就是說必須使水磁往墊高的門坎方向超越到上頭，才能保護住在這裡的人不受傷害，要是門坎沒墊高或沒有辟邪物，而任由水磁像水一樣往下方超越過去沒設法阻攔，那麼災禍就會跟著來。可說是雖然水往下面流去，但是水磁卻往上方洄漩而去。

《道德經》8章：

　　上善若水。水善利萬物而不爭，處眾人之所惡，故幾於道。

　　文中的「處眾人之所惡」的「惡」字是語助詞，一如《莊子・齊物論》裡的**「予惡乎知惡死之非弱喪而不知歸者邪！」**

譯文及解說：

　　我哪裡知道怕死的人是心智弱喪而想要回到故鄉呢！

　　莊子是慣用梭模兩可的語言鋪陳文章，而且文意粗略一看也還是梭模兩可的句子呢。句中兩個否定詞「非」與「不」互相抵消就變成肯定的「弱喪而知歸者」。再看兩個「惡」字之中的第一個就如《道德經》8章的「惡」字，是語助詞，第二個「惡」字才是怕的意思。

　　即然「處眾人之所惡」的「惡」字是語助詞，那麼這一章的水磁因為不與人相爭，所以「處眾人之所」，也就是在眾人所期待的地方出現，也可說是水磁超越到上方，而不是像水往下方流去。這就是路沖的水磁是往下方，而抗煞的方法是讓水磁往上方超越而去的道理。

　　老子在《道德經》所講的重點是水與緩衝，雖然筆者已經逐漸瞭解《大一生水》與《道德經》所講的含意，但是還要等到看到2011年3月11日日本東北部發生的大地震隨後引發大海嘯摧枯拉朽的視訊影像，才能確定老子有這個想法，可見得老子的《道德經》因為難懂，2500年來其主旨人們還抓不住重心（其原因可能是孔子的語言及思想滲透了我國後世官方的語言，以至於大家對《道德經》的語言方式還有老子的獨特經驗生疏和不瞭解）。

173

三. 萬物有靈及鬼神

美國西南部的印地安巫師說，一個人在野外當黃昏光線不明的時候，可以看到自己的死亡之神在旁邊，也可以看到自己的保護神。但是你的死亡之神有時候反而可以救你讓你生存，你的保護神如果不好好對待的話反而會害你，這是一位學做印地安人巫師學徒的研究生寫的。根據那本書的作者所敘述，死亡之神和保護神都是在光線陰暗下若隱若現的，這應該是屬於古老的萬物有靈的表現。萬物有靈若照印地安巫師的說法來判斷應該是看得見的磁，就像北極光一樣，但是實際上大多是看不見的。

《道德經》5章：

> 天地不仁；以萬物為芻狗；聖人不仁，以百姓為芻狗。天地之間，其猶橐籥手，虛而不屈。動而愈出。多言數窮，不如守中。

譯文及解說：

天地不知不覺地使萬物有靈像芻靈一樣自發地活動起來；自然人也不知不覺地使百姓像芻靈一樣自發地活起來。是天地之間使氣囊和管籥具有靈性嗎？為什麼沒有人吹她的時候就硬梆梆地靜躺在地上，一旦被人吹奏了聲音和風就汩汩然向空中吹了起來？還是另有隱情？「大一」洄漩流出水磁的事說教說得多了，也會有疲累的時候，我不如保留一些才好。

芻靈的意思是古代送葬用的茅草紮的人以及馬，又叫芻狗，自從周公替周朝建立了禮儀的文化後，老子時代的朝廷重視禮儀，老百姓則遵守傳統習俗及敬祖，鬼神雖被談及，但那是代表不知名的世界，跟後世講的鬼神意義不同，一如老子講的「自然」2400年後被嚴復誤譯為天行，以至於今天講的科學還是一樣。難怪《論語》有「子不語怪力亂神」的記載，所以這裡的芻靈代表萬物有靈。但是老子為什麼在這章要說「多言數窮，不如守中」這般隱晦的話呢？是不是

「天地之間，其猶橐籥乎，虛而不屈。動而愈出。」這段話另有隱情？ 無論如何至少老子在20章似乎是自言自語地吐露出胸中的心聲了。

《道德經》20章：

> 絕學無憂，唯之與阿，相去幾何。善之與惡，相去若何。人之所畏，不可不畏。荒兮其未央哉。眾人熙熙，如享太牢，如春登台，我獨泊兮其未兆，如嬰兒之未孩。儽儽兮若無所歸。眾人皆有餘，而我獨若遺。我愚人之心也哉。沌沌兮。俗人昭昭，我獨昏昏。俗人察察，我獨悶悶。澹兮其若海，飂兮若無止。眾人皆有以，而我獨頑似鄙。我獨異於人，而貴食母。

譯文及解說：

不做學問就沒有憂慮，到時只聽得懂好與不好就可以了，這兩種選擇又有什麼差別呢？善與惡的差別又是多少呢？但這種選擇是大家認為必須害怕的，所以我不能不害怕。就像荒野沒有種植莊稼的季節吧！大家都熙熙攘攘好像享受祭祀的三牲一樣忙碌，如春天登臨祭壇。就只有我好像飄泊於溪谷中沒有徵兆，又如同剛出生的嬰兒純真嘻笑哭個不停。我好像登上高山頂峰但沒有佇足停留的地方以便回去，眾人都有多餘的歡樂，就只有我遺世孤立。我是懷著愚人的心情吧！我日子過得混混沌沌的。平凡的大眾對周遭事物清清楚楚，而我卻昏昏沉沉的不知所以。眾人都很警覺，我卻悶悶不樂。我的心情就像在遼闊的海中飄泊，吹起風來卻飄搖得像沒有止境的小舟一樣。眾人在這個世界裡都有可以把持的依據，而我卻獨自頑固得像住在偏僻的地方而沒有人喜歡我。我自個兒跟別人不同，但是我卻珍視撫養人民的母系氏族群體。

老子在這一章雖不至於真的像自言自語，但是他不像現代人避諱把自己的心情講出來，這一章沒有萬物有靈、也沒有「道」與「德」的文字，純粹是在說老

175

子自己。而他之所以這樣可能和他被磁石門影響有關。我們可從這裡看老子這個人，他的不凡難怪道教的創始人把他當做神仙看待。

　　這一章推測是老子進入東周王室服務以後寫的，他被磁石門影響的時間還不算很久就有這樣的感覺，當然這還跟老子的個性有關。

　　到底老子距今已有2500年了，綜觀可信史與不可信史上的老子這個人，除了他自己的觀察外，筆者認為從他編在《道德經》與《大一生水》的文字看，磁石門對他的影響有如下幾點：（一）老子不會在著作上防衛自己，全然以赤子之心面對讀者。（二）他自知在做什麼事，也沒有什麼好隱瞞的。（三）當他高興的時候也會自說自話如《道德經》20章。（四）公事困擾他的時候，反映在他編的條文可能抱怨但是有教誨人家的語言如《道德經》37章及42等等，詳下面。

　　老子可能經歷過不平凡的事跡，要不然他的思想怎麼會這麼奇妙，以至於張道陵把他和《道德經》當作神物，也難怪老子的書現代人還看得不太懂呢！

　　印第安巫師的萬物有靈可能是從他們的古代祖先傳下來的，印第安人移民到美洲可能是在我國的史前時代從亞洲的極北跨過陸橋過去的，所以到了現代還能夠在美國西南部找到這種風俗，這應該是後世的薩滿（Saman）的原型。

　　薩滿教據說起源於西北亞洲貝加爾湖（Lake Baikal）西北方的通古斯地方（Tunguska），通古斯語叫做Jdam ma，這是草原漁獵社會的宗教，薩滿教信仰是以萬物有靈、靈魂不滅和靈魂互相滲透為思想基礎的文化，現代還可以在亞洲北部找到這種風俗的痕跡。薩滿是民俗醫療的巫師，巫師藉助於祝禱、念咒、占卜等法術，得知人們的吉凶禍福，具有神力治療的超自然力量，能為人們消災除病。

　　我國在西元2003年於吐魯番地區新疆洋海古墓考古，發現2800年前的一具疑

似薩滿巫師的乾屍，口袋裡有長出綠色葉子的大麻，以這具乾屍的奇異穿著來判斷他應該是位巫師，口袋裡的大麻是用來促進做法時興奮用的，這些墓葬的族群據推測可能是附近綠州居民歷史性墓葬群，他們被埋葬在乾燥的沙漠地區，所以經久不會腐爛，而這裡的居民可能是從北疆的阿爾泰山及天山地區移民過來的，到了西元一世紀前後，正當我國的西漢末年以及東漢初年，天山南北盛行薩滿教。

3500年前在近東兩河流域的西台人，或者我國的西藏發現鍊鐵遺址，說明鐵器已逐漸取代青銅器。成書於3000年前的周朝《禮記·月令》也記載「季春之月…審五庫之量。金。鐵。皮。革。筋。角。齒。羽。箭。干。脂。膠。丹。漆。毋或不良。」那個時代只有青銅用來製造器皿以及少量的鐵，所以鐵可能指的是隕石從天而降的隕鐵。2500年前老子經過的磁石門填充的是隕鐵。古時候的人類相信鐵器具有避邪逐祟的作用。

薩滿的信仰認為人之所以也是萬物有靈之一是因為人有血液，以現代的醫學來看，我們知道每一個血紅素分子含有4個鐵原子，姑且不論在這裡的鐵原子是不是帶有磁，但是從血紅素的氣體呼吸作用是鐵原子在二價的亞鐵和三價的鐵原子之間來回變化之事實，應該可以推想這裡的鐵原子是不是具有磁？

1900左右英國弗雷澤（James Frazer 1854-1941）做巫術研究不被該國人認同，但是到他老了英國國王卻授予他爵士的榮銜。佛瑞哲在《金枝》一書說，在19世紀英國駐馬來亞的官員告訴他一個故事。有一年這個地區長期乾旱，他被派到馬六甲海峽西邊出口的北方兩個群島，靠近孟加拉灣的一個叫做Andaman的大島視察（也就是2004年南亞海嘯發生中心的Simeulue島的北方兩個群島，靠近孟加拉灣的一個）。船員們攜帶鐵耙子上岸，這個島據說開化的程度是從來沒有鐵

製的東西在島上使用過。他們上岸的那天天氣就從乾旱變成傾盆大雨下個不停。又島上土著求雨的方法是屠宰家禽放血祈禱，上面舉的這些例子是要說明鐵和磁也應該和天氣的變化有關係。

　　觀察夏天台灣島上空紅外線衛星雲圖的變化，有一個例子是下午13:30由晴朗的天空變成兩片白雲密集在島的西北部，接著造成局部都市瞬間烏雲密佈，2-3小時內傾盆大雨從天而降，因為排水不良造成小水災。這時紅外線衛星雲圖顯示幾小時內白色雲層籠罩了全島的西部，9小時後氣溫變涼，雲層逐漸消失不見。這個例子是用來支持前述的鐵和磁以及天氣有關的說法。

　　即然老子的時代薩滿教已傳到新疆，可能還沒有影響中原，《道德經》裡有許多萬物字眼，也應該有萬物有靈的內容，因為老子編的文字必須斟酌才能了解其意義，光從一般讀法是沒有辦法理解的（或許因為老子講的是水磁，而磁的意義在現代只有西方的電磁學在講，所以老子的文字若不加以思索，是沒辦法懂的）。除了《道德經》76章「萬物草木」指的是草木這些植物外，以及《大一生水》的萬物指的是萬物的根源外，其餘的萬物都是指《道德經》裡出現的萬物有靈，而萬物有靈在萬物之母的最前端。《道德經》39章的萬物有靈已如前述，在此就老子的文字、萬物再舉出《道德經》的萬物有靈的例子如下：

《道德經》1章：

　　道可道，非常道，名可名，非常名。無名天地之始；有名萬物之母。故常無欲，以觀其妙；常有欲，以觀其徼。此兩者同出而異名。同謂之元，元之又元，眾妙之門。

譯文及解說：

　　從「大一」洄漩流出的水磁，可以經過萬物之經及萬物之母繼續流通下去，

但也不一定經常暢通無阻。我李耳的名叫做李耳，字叫做老聃，但不見得一直叫名。萬物之經是天地的源頭並且是沒有名的，而萬物之母從萬物有靈開始是有名的。因為有萬物有靈所以才有無欲，這就可以觀察其中的奧妙；反之如果有欲的話，就只能看看邊際而已。這兩種選擇的出發點是相同的但是名不相同；一個是超越進入「德」的門坎而到位；一個是超越不了「德」的門坎而阻塞或變成盜賊的炫耀了，因此只能看到邊際。相同的話就叫做元，元裡還可以有相同的元，像這樣就走進了許多奧妙的大門了。

老子在開頭的這一章介紹了萬物之經的「道」與萬物之母。在萬物之母的萬物有靈及「德」的門坎之間是互相關連的，她們的順序可決定一個人是好是壞。好的話可以使水磁超越「德」的門坎而到位；壞的話就不能進入「德」的門坎而在鬼神之間徘徊了。

至於老子的鬼神因為他生長在有祭祖風俗的我國，所以他也祭祖。因此對於鬼神的祭拜例如對於死去的人的祭拜，他也講不清楚。關於這點將在本節稍後討論。

《道德經》2章：

> 天下皆知美之為美，斯惡已。皆知善之為善，斯不善已。故有無相生，難易相成，長短相較，高下相傾，音聲相和，前後相隨。是以聖人處無為之事，行不言之教，萬物作焉而不辭。生而不有，為而不恃，功成而弗居。夫唯弗居，是以不去。

譯文及解說：

天下的人都知道美妙之為美妙，隨著惡的觀念就產生了。都知道善良之為善良，隨著不善的觀念也就發生了。所以有與無互相生成，困難與容易互相補貼，

長的與短的互相較量，高與下互相傾斜，音樂和聲音互相調和，前面和後面互相跟隨。所以自然人處於無為的狀況，遵行不用語言的教誨，萬物有靈就自發的運作起來。生下來不據為已有，做了事也不自持其能傑傲不訓，成功了也不居功。也唯有不居功，這樣功勞才是你的別人搶不走。

老子在這一章運用陰陽來講述自然人的做法，萬物有靈是不可或缺的。

《道德經》8章：

> 上善若水。水善利萬物而不爭，處眾人之所惡，故幾於道。居善地，心善淵，與善仁，言善信，正善治，事善能，動善時。夫唯不爭，故無尤。

譯文及解說：

水磁是最善良的，因為水磁有利於萬物有靈而不爭出頭，流向低窪的地方向上超越而那是眾人都期待自然人應該在的所在，所以是最接近「大一」洄漩流出水磁的狀況。要居住於善良的地方，心地就像深淵裡的水磁，與善良的人交往，言而有信，要正面應對來治國，做事要能幹，要選擇適當的四時帶領人民勞動。因為水磁不跟人家爭，所以不會招惹人家的嫌惡。

這篇是講老子的水磁和萬物有靈的關係。

《道德經》16章：

> 致虛極，守靜篤，萬物並作，吾以觀復。夫物芸芸，各復歸其根。歸根曰靜，是謂復命，復命曰常。知常曰明。不知常，妄作凶。知常容，容乃公，公乃王。王乃天，天乃道，道乃久，沒身不殆。

譯文及解說：

胸懷「大一」洄漩流出的水磁，在地面安靜穩重的作為。萬物有靈就自動做作，我可以藉以觀看她的循環。芸芸眾生，個自回歸到她那安靜穩重的日常生

活。歸根叫做靜，也叫做循環到生命裡，又叫做常態。知道常態就叫做明。不知道常態，是有發生腫脹阻塞成為盜匪的幫派的危險。知道常態是無所不包通的，就會蕩然公正，這樣就可以在萬物之母裡稱王了。但是在王的上頭還有萬物之經的天地，天地上面有洄漩流出水磁的「大一」，這是常久的，就是沒有了身軀也不會有所改變。

英國休謨對於本質所主張屬於正哲學的風俗習慣，與老子在這裡講的「知常容，容乃公」其意義是相當的，因為常態乃是社會能維持秩序的基本要素。

萬物有靈在這裡扮演水磁循環重要的一站。

《道德經》32章：

道常無名，樸雖小，天下莫能臣也。侯王若能守之，萬物將自賓。天地相合以降甘露，民莫之令而自均。始制有名，名亦既有，夫亦將知止，知止可以不殆。譬道之在天下，猶川谷之於江海。

譯文及解說：

「大一」洄漩流出水磁是有字無名的，本體雖然小，但是天下沒有不臣服她的。侯王假使能守住她的話，那麼萬物有靈將自發地運作。天地將相會合而降下甘雨，人民不必求雨都能獲得灌溉。這樣的話無字有名的形與岡雨都可以叫得出名來，叫得出名來，就得適而可止了，知道了適而可止就不會乾耗下去而產生危險。「大一」洄漩流出水磁對於天下而言，就像水磁從川谷向東流入大江和海洋一樣

這一章是講萬物有靈居於萬物之經之下的承接位置，可以依《道德經》的說法，自發地調節下游的動態，但這不是個人的自願，也不像工業產品的自動製造，而是自然的運作。

《道德經》34章：

> 大道氾兮其可左右。萬物恃之而生而不辭，功成不名有。衣養萬物而不為主。常無欲，可名於小。萬物歸焉而不為主，可名為大，以其終不自為大，故能成其大。

譯文及解說：

「大一」洄漩流出水磁是可以調節的。萬物有靈自發地運作起來而且不辭退，成功了也不會居功。萬物有靈只會自發運作而不會操縱別人，所以是無欲的，可以給個名叫小。因為萬物有靈回頭來只會歸屬而不會喧賓奪主，這時候可以把她叫做大，因為她終究不自稱為大，所以能成為適當的大小。

這一章把萬物有靈的無欲性質講得清清楚楚。

《道德經》37章：

> 道常無為，而無不為。侯王若能守之，萬物將自化。化而欲作，吾將鎮之以無名之樸。無名之樸，夫亦將無欲。不欲以靜，天下將自定。

譯文及解說：

我又在嘰嘰呱呱地做說教的事，真不是講「大一」洄漩流出水磁的人所應該做的，但是沒有辦法，因為我只有這麼做才能使妳們了解無為又無不為是什麼，才能讓妳們懂得水磁的性質，妳們說說看這樣不是很矛盾？侯王若能依照《道德經》這本書講的來走，萬物有靈將自發運作。如果自發地運作起來，我老聃將賜以有字無名的小小的本體，也就是「大一」洄漩流出水磁。有了「大一」洄漩流出水磁，萬物有靈自發運作起來將無欲。如果人們都無欲地安靜下來的話，天下將會自動安定，不會像我這裡擾攘不安。

這一章大概是老子在抱怨他的工作環境擾攘不安，使他不能靜下心編他的著

作，或則老子累了他又喃喃地自言自語起來。

《道德經》51章：

> 道生之，德畜之，物形之，勢成之，是以萬物莫不尊道而貴德。道之尊，德
> 之貴，夫莫之命而常自然。故道生之，德畜之。長之育之，亭之毒之，養之
> 覆之；生而不有；為而不恃；長而不宰。是謂元德。

譯文及解說：

　　從「大一」洄漩流出水磁，經過萬物之母的前半部超越到「德」的門坎，
再超越後半部到位，所以萬物有靈沒有不尊「道」而貴「德」的。萬物有靈從
「道」接受的水磁，超越鬼神再洄漩進入「德」的門坎，經過陰陽、四時、濕
燥、寒熱等介質使物形和罔兩到達方位就叫做「自然」。所以「道」洄漩流出水
磁，水磁到達「德」的門坎，讓超越而來的水磁到位。讓物形和罔兩生長撫育，
使她安定及經得起痛苦的折磨，養育她並包容她；生下來不據為己有；做了事也
不堅持己見；成長了也不做她的主宰。這就叫做元德。

　　這一章主要在定義「自然」和可能在講萬物有靈。至於元德在《道德經》
之中已經另外講過兩次了，大概是因為王子朝之亂使老子東奔西跑，編完《道德
經》的時間拖得很長，至少有十多年，所以有些內容重複了他也不改，也許他認
為沒有必要改。後人難了解他的《道德經》而產生《道德經》的許多臆測，筆者
認為是因為沒有設身處地讀老子的書的緣故。

　　老子編《道德經》想來是想到哪裡就編到哪裡，並沒有後世的章節之分，我
們知道古人讀書沒有標點符號，以元德為例就出現在《道德經》的不同3章，這3
章的前後句子不見得前後一致，也不是老子給予元德不同的意義。好在元德不是
《道德經》的重點，重點是水、也就是水磁。要是沒有《大一生水》的出土，真

不知道要怎麼讀懂《道德經》呢？

《道德經》64章：

> 其安易持，其未兆易謀，其脆易泮，其微易散。為之於未有，治之於未亂。
> 合抱之木，生於毫末；九層之臺，起於累土；千里之行，始於足下。為者敗
> 之，執者失之。是以聖人無為故無敗，無執故無失。民之從事，常於幾成而
> 敗之，慎終如始，則無敗事。是以聖人欲不欲，不貴難得之貨；學不學，復
> 眾人之所過。以輔萬物之自然，而不敢為。

譯文及解說：

維持安定很容易，還未發生的徵兆容易知曉而籌謀，脆硬的物品容易破掉，
細微的粉末容易散開，這些都是「自然」的現象。所以要在還沒有發生事情前面
對問題，要在混亂還沒產生時就想法子不讓她發生，所講的這些都是應對的辦
法。因為「自然」作為一個根本就像；要大家圍起來才能抱住的巨木，生出來的
時候只是微小的樹芽；堆積最高的土壇也要從第一堆泥土堆起；要走千里的路也
要妳踏出第一步。假使不是像這樣「自然」的話，有為的人會失敗，執著的人會
有缺失。所以自然人無為就沒有失敗，不執著就沒有缺失。人民做事情常常幾乎
快要成功但是最後卻失敗了，因為他們沒有在開始時和結束時一樣小心謹慎，假
使他們不是這樣做的話就不會失敗的。因此自然人要無欲，不希罕難得的財貨；
要用不想學的心思來學習，不要重覆大家容易犯錯的地方。做到這些才能輔助萬
物有靈，讓水磁朝「德」的門坎超越過去而到位，這就是「自然」了。

這一句「其未兆易謀」的意思是，還未發生的徵兆容易知曉而籌謀，這是憑
現代科學不容易控制的地方如颱風、地震、海嘯等天災甚至於天氣，因為西方數
學是平面數學而老子所傳承的是我國的象數，兩者所依憑的立場不同，所以應用

起來的範圍也不同。但是西方科學150年來的成就是有目共睹的，今後宜從發展象數著手。

老子在這裡提到的「為者敗之，執者失之。是以聖人無為故無敗，無執故無失。」這段話，其上下文顯示這段話只是警告人家「自然」或成為自然人不得有「有為」與「有欲」的想法，並不是像歷史上對老子誤解，或後世出家人講的「無欲」與「無為」。

莊子在《養生主》所說的「吾生也有涯，而知也无涯。以有涯隨无涯，殆已」可以解釋為萬物有靈是屬於個人活著才有的，一旦死了就不存在了，當然莊子指的是磁而且是層次分明的。若根據印地安巫師的說法，萬物有靈有一個個人的死亡之神及保護神兩種，這樣講豈不是像太極圖的陰陽魚，也像電磁感應也有正、負電極之分？而"磁滯"是電磁的電流不能照原來走的線路來回，必須另闢蹊徑才能回到原點，理論物理把這種現象叫做彈性缺陷，也就是有缺陷所以有彈性。如果硬梆梆的沒有彈性，那才算是物理完美。所以如果不論和電磁有沒有關係，前面講過的彈性纖維和彈性橡皮一樣都是理論物理學上有缺陷之物。但是這兩種東西都是真實的存在，那麼我們該反過來問這種理論物理是不是並非完美的？因此不論是否與電有關磁滯照樣可以發生。磁滯是這麼複雜難解，簡單的正、負極分法恐怕難以解釋天然磁石的"磁滯現象"吧！

天然磁石的磁滯現象和萬物有靈的關係，可能是老子想要以北極光、磁石及萬物有靈解釋成人們的作為。雖然北極光在萬物之經才看得到，而磁石的磁滯、萬物有靈和人們的作為都在萬物之母內，然而老子在《道德經》裡所說的人們的作為和語焉不詳的北極光，在在都說明了和《大一生水》的關係。

其實《道德經》與《大一生水》或許沒寫出北極光，但是老子的論點都是衝

著磁石和北極光而來的，況且他上班每天經過王室的磁石門，而他的職責需要經常夜裡觀察星象。基於這樣的推測，所以應該說老子認為北極光、天然磁石和萬物有靈及人們的作為是陰陽互補的。萬物有靈與人們的作為是發生在同一個人身上，北極光的水磁像流水一樣洄漩的流著，而天然磁石的土磁在大氣生命圈是以超越的方式運動。

關於「德」的門坎進不進得去或只是徘徊在鬼神之間，老子有這樣的說法。

《道德經》54章：

> 善建者不拔。善抱者不脫。子孫以祭祀不輟。修之於身，其德乃真；修之於家，其德乃餘；修之於鄉，其德乃長；修之於國，其德乃豐；修之於天下，其德乃普。故以身觀身。以家觀家。以鄉觀鄉。以國觀國。以天下觀天下。吾何以知天下然哉？以此。

譯文及解說：

善於建立氏族事業的人，不會被從這個氏族中拔除。善於支持這個氏族的人，不會脫離這個氏族。因此子孫得以祭祀不輟。水磁進入萬物之母的後半部後，超越到自身而到位的話是真的有「德」；超越到家而到位的話是有多餘的「德」；超越到鄉而到位的話就會經常有「德」；超越到國而到位的話就會有豐盈的「德」；超越到天下而到位的話就會有「德」普及於天下了。我就是以這個人真的有「德」看這個人。以有沒有多餘的「德」看這個家。看是不是經常有「德」看這個鄉。人民有沒有豐盈的「德」看這個國家。看「德」有沒有普及於天下看天下。我怎麼能知道天下是這個樣子的呢？就是因為我從水磁進入「德」的門坎以後「德」怎麼到位的加以仔細觀察的。

我國因為地理位置較歐美、非洲各國封閉，自古以來就以封閉式的繁殖衍生

後代，所以產生祭祖的習俗，老子當然遵守這個習俗，雖然一個人過世後這個人就沒有水磁存在，但是老子還說：「**子孫以祭祀不輟**」，這是說子孫要不停的祭祀，儘管老子的做法和他的主張有矛盾的地方。

老子是以母系氏族群體的古老觀念來闡述他的思想的。當然這個母系氏族群體雖是以母親為生殖中心，但是依照性別每個人還是擔任最符合不同性別的工作，所以6500多年前，軒轅黃帝靠他的臣子風后發明指南車，打敗蚩尤統一天下後到泰山封禪的事，這與性別無關，因為打戰是男子的事。

至於鬼神這個問題，老子有這樣的說法。

《道德經》60章：

治大國若烹小鮮。以道蒞天下，其鬼不神。非其鬼不神，其神不傷人。非其神不傷人，聖人亦不傷人，夫兩不相傷，故德交歸焉。

譯文及解說：

治理大國就好像在熱鍋裡煎小魚一樣，翻來覆去就會碎掉。這就像在講鬼神一樣，講少了就覺得好奇，講多了就會毛骨悚然不能自己。「大一」洄漩流出的水磁，流過萬物之經的天下以後，就會遇到與萬物之母交界處的萬物有靈及鬼神。如果這個人有「德」的話，萬物有靈就成為鬼神讓水磁超越入「德」的門坎而到位，這才有鬼神的作用。但如果不超越入「德」的門坎而超越入其他管道，這個人就會變成「餘食贅行」或「盜夸」了。也不是鬼神在這時候不會害人，不會害人是因為自然人的水磁超越入「德」的門坎而不會害人。所以不論是萬物有靈成為鬼神或自然人的水磁超越入「德」的門坎，兩者都沒有害人的意思，因此在「德」就有交集了。

老子在《道德經》與《大一生水》講的神就是鬼神，這是因為老子沒有鬼神

的問題，有的只是「餘食贅行」或「盜夸」的問題。

這一章講的鬼神明顯的因這個人進入了「德」的門坎而變得鬼神無足輕重，這時萬物有靈就是能超越入「德」的門坎的水磁。但是如果不超越入「德」的門坎而超越入其他管道，萬物有靈也就沒地方可去，因而變成「餘食贅行」或「盜夸」了。

老子之所以編《道德經》是因為他認為人要有「道」及「德」社會才會和諧，缺一不可。即然上游的水磁洄漩的從「大一」流出得以完成，那麼要流入下游到位的關鍵點就是有沒有超越入「德」的門坎，假使沒超越入「德」的門坎而超越入其他管道的話，就不會有《道德經》所宣導的了，所以老子認為處理好萬物有靈是下游成功到位的保證。

東漢經由佛教傳入我國的輪迴觀念說法，死去也必須要有信仰否則死了不得昇天，這個說法違反了萬物有靈必須個人活著才能存在的定義。張道陵的五斗米教立老子為「太上老君」神、莊子為「南華真人」神，也不符合老子關於鬼神的定義。

萬物有靈在活著的現代人中是很複雜的事，而人生中是必經之路。她盤居要衝居於變成鬼神之前的水磁，活著的人想要避開她是不可能的。唯有通過她才能以無形的「德」散佈到個人的身上而到位，所以處理好鬼神信仰才能使萬物有靈的水磁能進入「德」的門坎應用到個人身上。

四. 磁石對人體的影響

　　1976年有大塊隕石從天上落下來掉到吉林省鄉下的田裡，根據王某敘述他當時在紅衛兵的監牢坐監放風時，突然感到眼前一陣光亮然後覺得身體不舒服，事後聽說有隕石從天上掉到附近。出獄後他發現自己有特異功能，這種功能也經過別人證實。其他對各型各式的特異功能人士之研究，正在我國進行中。

　　因為月球表面有許多隕石坑，假使地球是像月球一樣演進而來，那麼地表的下面也應該有許多隕石坑才對，這些隕石坑超越出來的磁就叫做土磁。

　　台灣島南部橫貫公路向陽山地區有一個史前就有的隕石坑造成的小湖泊，直徑才1、200公尺左右，叫做嘉明湖，標高3,260公尺。1945年日本帝國投降後，有一架美國B-24軍機自琉球載運人員要到菲律賓改道回國。飛經嘉明湖發生空難，墜落在離嘉明湖才6公里的山區。2003年有一架軍方雙人座教練機，在嘉明湖地區上空失事，搜索後發現墜落在離嘉明湖才2公里遠的山區，上述2例都是發生在不良的天氣。

　　軍機訓練常飛至這個地區，飛行員據說時常在空中看見這個湖，但是方向不是這個湖的位置，為什麼會這樣？因為隕石的土磁使得靠近這個小湖泊的飛行人員在視覺不良時，自己的視覺改變而有異於平常的經驗時，但這種改變他人不見得看得出來。這就好像這個人突然失明了，但是在旁邊的人看不出來一樣，除非土磁是從很大的隕石坑如嘉明湖超越而來，否則無法解釋這個現象。一般的情況是被土磁所引導的人所看見的是障礙物後面的實物，飛行員之前看見嘉明湖可能是看見山後面的嘉明湖，前面還有障礙物須避開，所以說該飛行員在接近嘉明湖時，「視」的能力異常。據說靠儀器飛行接近這個地區時，儀器也會有異常。

　　考察嘉明湖地面但見湖水清澈，有許多山難跟這個小湖泊有關。其中有一例是有一位青年中午到達後，因為天氣熱，馬上跳入清涼的湖水中游泳溺斃，第2

天下午4時搜索隊用生命探測影像儀，在3層樓深的湖底發現屍體，陳屍處湖底無雜草只有黑色泥土碎石，附近有氣體自湖底冒出，屍體之手腳身型呈類似拳擊模樣好像緊急冷凍一樣。通常正常死亡在這段期間屍體會呈現僵硬，但是在水中溺斃的屍體，不應該呈現舞蹈一樣瞬間結凍的狀態，那只有對跳舞者攝影才有。一般的情況是爭扎後，固定在同一個姿勢直到力氣用盡為止**圖5-3**。

圖5-3
在台灣島南部3,260公尺高山上的嘉明湖全景，此湖是個史前就有的隕石湖。
（圖片來源：HopeTrain）

五. 磁石影響生活環境

其實磁石影響了「視」的能力，這在我國、美國及全世界各地都有實際地點發生，只是磁石的來源不像嘉明湖明顯，只能憑推想和考證。

以下幾例奇異現象，發生在美國西海岸加州舊金山附近 Santa Cruz 原始森林裡的神秘地點。

（一）和水往上流相似的機轉還有：在牆壁上，高爾大球沿上升木板自動滾上去再掉落地面，筆者的推論是球靠隕石坑的土磁的能量上升，和台灣島東南海岸都蘭的溝渠裡的水在露天下往上方流動的景觀，是類似的道理，但後者以水磁居多，而且水磁和土磁有一個界面，那就是水漣漪和地面上硬體的界面。有須要再一次說明的是氣磁或乾燥的土磁水份含量少，有水的地面水份含量多。

（二）在某一個地點，第三者替面對面的兩人同時照側面照，該兩人照相之後互換位置，個人的身高之不同，看起來隨所在位置之不同而在影像上有異乎尋常的表現。同一位置表現出高者恆高、矮者恆矮，而不是一個人本來的身高高或矮，來分辨相片上看起來的高矮。

（三）在有這些現象的地區可以找到高大的紅木（一種喬木）森林，樹端的巨大枝葉都向一邊長出，另一邊不長樹枝。可能表示這一地區一直受到某方位的磁的影響。可能磁1、200年來都以相同的方位作用於這些紅木森林上。這表示在同一地點、同一方位一直磁在作用，才造成這種結果，這是時間在變，而磁的方位沒變。就好像地球上某些地點有水往上流的現象，而這個地點樹枝只向一邊長。

（四）也有紅木的一段主幹以S形狀長出，可能表示在喬木成長的1、200年期間，於某個時期受到磁的異常影響而生長成這個形狀。這表示在地球的某段時間內，某地點的磁會變動，當然就天體而言，我們這個地點也是隨時

間流逝而變動的。事實上如果以我國傳統的磁是從北極星方向傳來的說法而論，時間與地點的分別之於科學上重要，但是就北極星方向的水磁來講可能就沒有那麼重要了。對一個人來講之所以重要，是因為他的生命有時間限制。

（五）就以在地球上觀察樹林的我們來講，我們看到灌木叢林裡有棵長得很高的樹，以螺旋形狀上升，可能表示樹的成長數年間，每年磁的影響使得樹重覆繞圈子一次，可能是宇宙來的水磁和地球的氣磁在作用。

（六）在有上述異常現象的地區，一個人站在沒有扶梯的樓梯上，向樓梯外前傾約20°不會跌倒，但是他自述站久了會有噁心嘔吐的感覺，可能是當地的土磁在作用。

Santa Cruz神秘地點不是最早被發現的，美國舊金山北邊的奧勒崗州，才是有最早被發現的神秘地點於1930年代被找到，叫做奧勒崗漩渦（Oregon Vortex），這是有西方人研究過的神密地點，但是他們找不出令人信服的解釋，只因為愛因斯坦的名氣嚇倒了這些研究者，使他們跳脫不出相對論的框框，假使強要解釋的話，也得在相對論的架構下衍生出不為正統物理學所承認的實驗觀察到的現象（experimentally-observed phenomena），他們還企圖用繞場來解釋這些現象。利用漩渦或漣漪實際做出實驗觀察到的現象的這些人，也許是遇到水磁的能源時亂了分寸，才有這種不得已的做法吧！

總而言之，老子和莊子對水磁的認知，以及所做象數的寓言和對儒家的冷嘲熱諷之言論，經過2000多年的擱置，使我們今世人已失去了本該有的敏銳知覺，而這種知覺僅變成直覺而已，或者僅變成少數人才具有的特異功能。

六. 極光與閃電

　　西元前520年老子56歲在洛邑周王室做大史，這一年因為王位之爭使得「東周王城」於其後焚毀，平叛後晉國召集諸侯替周敬王建立新的都城，叫做「成周新城」。可能是為了防範類似事件再發生。晉頃公把最先進的防範刺客的磁石門安裝在新建宮殿的出入口，老子繼續暴露於宮殿的磁石門中，因而繼M57超新星爆發後，說不定加強了磁對老子的影響。

　　如果水磁是從北極星方向來的假設成立的話，身為大史的老子應該會注意到北極光像流水一樣洄漩流過天際，所以他認為北極光就是水磁，但在地面上觀察的老子四周並沒有感覺到磁的存在然而照理說應該有，所以老子只能將她定義為「無」的水磁，因此這個動作排在已經暢通的「大一」也就是「常」的後頭，但是「大一」的源頭、也就是北極星方向，是「無有」的不明狀態。在地面上圍繞著老子周圍的是萬物之母，不由得他寫出42章。

《道德經》42章：

> 道生一，一生二，二生三，三生萬物。萬物負陰而抱陽，沖氣以為和。人之所惡，唯孤寡不穀，而王公以為稱。故物或損之而益，或益之而損。人之所教，我亦教之。強梁者不得其死，吾將以為教父。

譯文及解說：

　　「無有」的「道」生出「大一」，「大一」的「常」生水磁的「無」，水磁的「無」反輔「大一」，「大一」再生出「有」的「天」、「地」及萬物之母三項。萬物之母是靠從萬物有靈接受而來的水磁，經過鬼神超越入「德」的門坎，調合陰陽，加上水磁、土磁和氣磁一起作用而激蕩起來，互相沖配調和。人民所敬畏的長官，唯有稱孤道寡不能種莊稼餵飽自己的人，只有王公貴人才有辦法這麼做。所以說萬物減損了會自動增益，增益了會自動減損，這是「陰中有陽，陽

中有陰」的道理。人家能夠教導的，我也能夠教導。強橫的人不能得到適當的死法，我倒能夠導正他呢！

事實上假如今天是在北極的黑暗半年，所看到的北極光呈現各種紅、綠等色彩，迴漩流過天際。

2300多年前被流放到楚國邊境的愛國詩人屈原在《天問》中問道：「日安不到？燭龍何照？」意思是說太陽哪有照不到的地方？那麼燭龍以她陰暗的光線還能照到哪兒呢？要知道世界要到距今150年前才大放光明，而屈原的時代一到晚上郊外就籠罩在黑暗中。那麼屈原在流放地沒有月亮、星光幽黯的夜晚能察覺到北極光（那時叫燭龍），可見得他的眼力不差，難怪屈原要問夜晚看到北方的光線是從哪兒來的呢？能比太陽還亮嗎？

比屈原早230年的老子和差不多與屈原同時代的莊子，住的地方緯度較楚地高。老子住在已經衰落幾百年的東周京畿，而莊子住在鄉下。老子且不說，莊子可能還有觀察星象的習慣。

《莊子內篇‧大宗師》曰：

「乘東維，騎箕尾，而比於列星」

譯文及解說：

乘着東方星座，騎著箕宿的尾巴，和各星座相較量。

在觀看星座的同時，他們夜晚看到北極光的可能性也不可小歔，更何況古時候一入夜地面一片漆黑是習以為常的。

《山海經‧大荒北經》：

「西北海外，赤水之北，有章尾山。有神，人面蛇身而赤，直目正乘，其瞑乃晦，其視乃明，不食不寢不息，風雨是謁。是燭九陰，是謂燭龍」。

譯文：

「其瞑乃晦，其視乃明」是說，燭龍陰暗的時候睡覺，但是睜開眼睛卻很明亮，所以燭龍應該是穩定的夜裡的北極光。

《山海經・海外北經》：

「鐘山之神名曰燭陰；視為晝，瞑為夜；吹為冬，呼為夏；不飲，不食，不息，息為風，身長千里，在無啟之東。其為物，人面，蛇身，赤色，居鐘山下」。

譯文：

「視為晝，瞑為夜」是表示燭陰就像不穩定的北極光，跟清晨或黃昏的時候所看到的北極光一樣，不是很暗，也不是很亮。

沒有文字的先民看到北極光的這種現象，只能口頭叫她或畫作圖樣成燭龍或燭陰流傳下來。

在現代我們知道南極有南極光，在南半球的長夜也看得到。從人造衛星看地球可以看到極光在極區上方的電離層照向地球，這就是水磁。在長夜從北極地面往空中看據說每2、3天就可以看到北極光，就像洄漩流出的河流淌著。筆者不能不驚嘆2500年前的老子沒到過北極居然把她叫做水，好比有漩渦的流水，也就是水磁。

由此我們可以看出我國古人的思想是多麼細膩到有脈絡可循，絕不因時代的差距就變得模糊不清，之所以模糊不清是因為我們的求真努力不夠不求甚解。究盡我們的一生在歷史的長河中只是稍閃即逝，正如莊子在《莊子內篇・養生主》開頭一段「**吾生也有涯，而知也无涯**」所說的，實在不足以自大到目中空無一切，今天講的科學就是犯了這個弊病。

195

在電離層以下的高空閃電應該和一般閃電沒有兩樣，如果以法拉第用磁鐵插入銅線圈內得到電流的實驗來觀察，閃電的現象或許可以這樣解釋：

電離層以下的磁好比磁鐵，會閃光的部份是空中這一部分電離了（在高空成火焰狀，一般閃電成網狀），一旦磁有變動就好像磁鐵往返插入線圈一樣，閃光就會隨著電離路徑發光了，但是電離路徑我們無法察覺，因此所有這些現象在人類的知覺範圍內很難分辨清楚，所以只看到一陣閃光。

北極光在我國從前叫做雲氣，從中、日、韓三國的記載已經有數百次的出現記錄。但是這些雲氣的形態漂浮不定，所以大多模仿客星被畫出。

卷六.
自然實驗在西方

卷六.
自然實驗在西方 _____

一. 自然實驗的改良者－琴納

　　琴納（Edward Jenner 1749-1823）英國人是鄉下醫師，他行醫時注意到擠乳牛牛奶的女子容易得到一種痘病（Chicken Pox），當發病時有微熱並且痠痛，休息幾天就好了。那個時代天花繼歐洲的鼠疫大流行退潮後開始撲來，琴納注意到患過痘病的人天花流行時不會得到天花。於是在1796年他在一位有輕微罹患天花症狀的8歲男孩身上種牛痘，結果獲得痊癒。從此以後種牛痘成為預防天花的方法。

　　一位鄉下醫師沒有受到像伽利略以本質實驗湊合數學般的薰陶，他只憑實地考察再自己推理，也不需要數學教授的能力或後世的統計分析就能夠找到對抗這種可怕疾病的方法。幾年後美國的傑佛遜總統和歐洲的拿破崙得到這個消息，就立刻在自己的家人或軍隊中接種牛痘，天花這種可怕的傳染病終於在1974年由世界衛生組織宣佈在全球絕跡。

　　西方人近代航海有成，使得他們在歐洲及北美洲如同在一塊大陸上來往一樣方便，所以有益的對付疾病的方法譬如種牛痘沒幾年就傳遍兩地。但是對野心家如拿破崙者除了征服大陸外，要控制西方世界他還必須橫渡英法海峽乃至於越洋去打戰。像天花這樣一種可怕的疾病，能有一種有效、省錢又方便實施的預防方法可用，為什麼不用呢？難怪拿破崙只等了第一例接種10年還沒發病，就急於在1805年將他的軍隊全部接種牛痘。琴納的這個簡單的自然實驗就此達到防治天花的預期效果，不像現代在科學方法嚴密的控制下所產生的疫苗，預防效果在哪兒還不知道呢**圖6-1**！

　　蒙塔古夫人（MW Montague 1698-1762）是英國駐土耳其大使的妻子，她從土耳其人那裡學到以罹犯天花病人的膿痂，接種到有家族數人因天花而死亡的小兒子皮膚上，因而得到免疫。回國後提倡以膿痂接種以對抗天花的流行，不幸被該國保守派反

對。他們反對的理由認為，上帝將不允許基督教徒接受別人的膿痂以治病，這些無理的反對反而促進天花預防方法的進步。

土耳其的天花治療以膿痂接種是從俄國人那裡學來的，而俄國人是從我國學到膿痂接種以治療天花患者的。西元1688年（清康熙27年）據史冊記載：「康熙時俄羅斯遣人至中國學痘醫，由撒納特衙門移會理藩院衙門，在京城肄業。」這是文獻上記載最先派醫師來我國學習種痘的國家。

據余茂鯤在《科金鏡賦集解》記載：「種痘起於明朝隆慶年（1567-1572）。」清代朱純嘏（1713）記載宋真宗（998-1022）時宰相請人對他的兒子種痘成功的例子。晉朝葛洪（281-342）的《肘後備急方》是我國第一次描寫了天花的症狀，並把這種病叫做「虜瘡」。法國啟蒙思想家伏爾泰（1745-1827）在談種痘的信中說：「我聽說100年來中國人一直就有這習慣，這是被認為全世界最聰明最講禮貌的一個民族的偉大先例和榜樣。」

圖6-1　琴納

二. 自然實驗的早逝者 – 史諾

　　清道光3年台灣台南赤崁樓至安平外島之間的台江內海一夜之間發生陸浮，以至於位於其北方的倒風內海也跟著陸浮，史諾(John Snow 1813-1858)是同一時期英國的人物。

　　英國發生工業革命，傳統的手工業開始被機器取代。史諾於倫敦期間極力引進早期的實驗方法研究化學、生理學、解剖學於治病上。同時他對當時霍亂流行的病因當做水是傳染媒介物的假說很有興趣，這顯然有別於一般認為的是由瘴氣引起的說法。1854年英國倫敦的百老匯街開始鋪設污水下水道，當地居民紛紛反對，一如當年我國引進火車鋪設鐵軌時沿線居民紛紛反對一樣。但是那個時代英國已經進步到煤礦工程師史蒂文生在1831年發明用蒸氣機的火車頭，不久並在英國利物浦和曼徹斯特監工鋪設鐵路了，史諾當時和史蒂文生的兒子是好友並同遊過美洲。

　　1854年9月倫敦百老匯街發生第一個霍亂病例，她是一位嬰兒，她媽媽常把家裡的衣物拿到設置在街道旁的泵浦附近清洗。沒過幾天相鄰的街區發生了流行的霍亂，致死病例多達百人，使居民減少了1/10，因而居民就認為鋪設下水道引起的瘴氣是致病原因。甚至於有人認為發生於1665年的鼠疫大流行時，埋在附近的死人坑屍體分解後產生的瘴氣，沿著新鋪設的下水道竄出，使得附近的空氣中毒而使人得到霍亂。

　　當時的醫療制度使外科脫離理髮師將近百年，史諾少年時在家鄉從藥劑學徒做起，成長後轉到倫敦進修考得藥劑外科執照，進而在倫敦開業行醫。他在17歲時聽信一位素食主義兼禁酒者的宣道，告訴人家飲用生水太危險，所以要將水煮開後加幾滴硝酸鉛到水裡，如果沒有沉澱就表示很安全。史諾自此以後很嚴格的奉行，甚至於組成素食禁酒同好會到處宣傳，常常獨立開伙。他在1844年發表了

一篇碳酸鉛中毒的病理解剖和化學報告，是否自此以後他不再飲用加硝酸鉛的開水我們不得而知，但是由此可知那個時代飲水安全確實是困擾了知識份子，史諾的早死可能是鉛中毒。台灣在上個世紀也發生過X光攝影術剛引進來的時候，大家對它的性質還不大明瞭，就有某大醫院的醫師拿來照射治療自己的下肢濕疹，結果終生下肢潰爛陸續截肢度過一生。

　　史諾尊崇1830年代自然歷史學者米勒（Johannes Muller）的生理學教科書所寫的，生理學的啟蒙對生命力的解釋失之於過於機械化和極度秩序化，而伯拉圖時代到羅馬時代的本質哲學只能視為寓言，米勒用理性的創造力來代替近於生機論。由此我們了解到米勒的時代理性已被搬上自然實驗的檯面上來了，而伽利略的科學(也就是數學家＋天文或物理)的真實，只不過是老一輩學問家如伯拉圖等人的希望而已。筆者認為老子的「自然」在水磁流到人間的過程中，並沒有排斥萊布尼茲的理性，因為在「天、人、地」的架構下，只要不強調人定勝天之類的導向，就可算是沒脫離「自然」了。

　　史諾小時候的家住在村落的一條溪流旁邊，曾經發生霍亂，可能童年的記憶引導他先入為主，先考慮水是這種病的傳染媒介物的想法也說不定。史諾住到倫敦後開始對水是霍亂的媒介物之假說很關心，1854年百老匯街的霍亂爆發給了他一個實驗的機會。史諾的實驗就是要隨時觀察現場情況，注意那些罕見發生的事，必要時還要親自參與訪視。霍亂發生時史諾除了本業看病之餘，就拼命往百老匯街跑，到災情擴大後政府的衛生單位也組團來挨家挨戶訪視。後來連下水道的工程人員也來調查連接泵浦和污水處理的管線有沒有問題，以至於每天要和史諾在百老匯街街頭碰面好幾次。但是那兩個政府團體檢查後不得要領，也不願意就史諾懷疑的40號可疑泵浦做進一步追查原因，只解釋說檢查患者住的地方通氣

不佳可能和瘴氣有關，而下水道人員雖然對40號泵浦特別注意，但是也認為是瘴氣引起的就結束了調查。

出於對霍亂防治的迫切感，史諾向教區牧師提出移去40號泵浦把手的要求。牧師雖然照做了但是他也相信是瘴氣引起的說法。到後來民間團體在教會自己組成團體來訪視下，史諾報名參加成為一名訪視員。這個民間團體向政府單位要求調查資料，開始時還遭到蹂落，到後來才給他們。史諾利用這個團體所搜集到的資料畫出40號泵浦和街區其他泵浦的步行等距離線，發現等距離線以外的地區病患很少，病患絕大部分集中在40號泵浦這一區。為什麼？因為除了向附近兩家水公司買水的用戶，要用桶子盛水儲藏起來以應付不定時的供水因而免於罹患霍亂外，其他靠40號泵浦供水的家庭要靠走路來取水。在等距離線以外的人由於距離的關係，可能考慮到別的泵浦取水比較方便，而等距離線以內的家庭，想來大都會取用40號泵浦的水。史諾對這樣的正相關還覺得不滿足，他還對那些鄰近地區很少罹患霍亂的居民調查，包括1665年埋葬鼠疫患者屍體的地方，結果並沒有發現他們飲用40號泵浦水的情形。1854年12月義大利的Filippo Pacini（1812-1883）在醫學雜誌上發表了發現霍亂弧菌的消息，次年一月史諾將調查結果出書發表。雖然史諾本人就常常使用顯微鏡，但是為了慎重起見，在調查當時曾請一位顯微鏡專家檢查病患的排泄物，但那位專家只報告說有有機物並說可能是瘴氣引起的。現在史諾知道要檢查的病原是什麼了，而且能明瞭霍亂弧菌是怎麼從排泄物跑到40號泵浦的 **圖6-2** 。

自然實驗不同於本質實驗，實驗就是實際驗證。本質實驗雖與西方的平面數學湊合，但是到後來赫胥黎的科學變成了不論理性還是不理性，只要是有創造力的實際驗證都可以算做科學，實行的結果常常走上須要符合國家利益的路子。科

學實行不到100年的20世紀前半葉，就發生了兩次世界大戰。

　　因此如果一切要照人定勝天的路子進行，以至於實驗講求設計與統計等等林林總總的名目，雖然這也可以有一定的成果，例如化學所驗證的分子變化或物理所說的原子，但是究竟有其侷限性。以我國語言來講，既然「自然」是自然實驗的主要對象，所以重點不在實驗，而在老子的「自然」，也就是水磁洄漩流出「大一」到位的事。

　　就在伽利略以自製的望遠鏡觀察天體後，不到半世紀於1673年荷蘭的裁縫匠呂文霍克（Antonie van Leeuwenhoek1632-1723）利用自己磨製的單凸透鏡，看到雨滴裡有小生命在游泳，他的凸透鏡能放大到270倍。他寫信給英國皇家學會報告這件事，那時皇家學會有提出萬有引力定律的牛頓、化學家波義耳（Robert Boyle 1627-1691）和研究彈性學的虎克（Robert Hooke 1635-1703）等人在。虎克做了一具複式凸透鏡用以檢驗呂文霍克所說的凸透鏡的真實性，8年以後皇家學會才正式承認這件事，人類因此開始了微生物的研究。

203

圖6-2　史諾

三. 自然實驗的苦行者－法拉第

　　比史諾更早在歷史上著名的自然實驗者，也是由英國人法拉第所做的電磁感應及直流電動機原理之實驗，他所做的這些自然實驗使得後世的地球上能大放光明。在這之前人們由《論衡‧亂龍》的「頓牟掇芥」的土磁的了解，一直到近代並不知道靜電能夠傳導。有一天法拉第的老闆的一位朋友跑來找老闆設計一個實驗，他將一個大磁鐵旁放一根通電的銅線，看看放在旁邊的指南針會不會偏轉，據說結果沒有成功。事後法拉第躲在實驗室裡日以繼夜的研究這個現象，他想到為什麼不讓通電的銅線放在磁棒周圍看看會怎樣？他倒了一缸水銀正中固定了一根磁棒，棒旁漂浮一塊軟木，軟木上有一根銅線準備接到電池上。果然電池一接上軟木就圍繞著磁棒漂了起來，法拉第終於能證明靜電能傳導了，這是1821年的事。但是原先老闆的朋友提出的問題是指南針會不會偏轉？卻沒有得到解答。好在法拉第是偷偷做實驗，並不負責解答問題，這正是歪打正著，使得他繼續將實驗做下去，以至於發現電動機的原理。但是法拉第老闆朋友的問題指南針到底有沒有偏轉？到今天仍然沒有得到解答。這應該是如前所述指南針是宇宙間以北極星方向定位的工具，銅線通電只是磁在地球上超越的現象之一，而法拉第老闆的朋友只是好奇指南針和靜電有什麼關係而已。

　　回顧筆者前面說過的指南針現象，因為近年來釹鐵硼強力磁合金的發現，做成圓盤型的指南針市面上已容易買到，不像之前的指南針都是圓球泡在液體中，方向不容易觀察。使用圓盤型指南針，就容易觀察多了，這也許是法拉第沒有解答指南針問題的原因。

　　1831年有一天法拉第得到一塊圓柱形的長條磁石，這時候他以一根220英尺長的銅線繞成一個中空的圓柱形銅卷，他把這個銅卷接在電流計上，結果測出銅卷沒有電流。冥冥中他突然的把整塊磁石，快速插入中空的銅卷內，電流計上的指針移動了；他又趕快把磁石抽出，指針仍然在移動但方向相反。法拉第做了磁

石感應銅線圈而產生電流的自然實驗，不但證實了他久已懷疑的磁石能感應銅線，而且還發現電動機的原理，由是使得世界大放光明。這個自然實驗沒有實驗設計，也沒有統計分析，等到赫胥黎的科學說法盛行，法拉第的自然實驗被扭曲為也是科學的一種。

　　法拉第出生於製鐵工人的家庭，所以他小時候必須去做一名學徒。13歲時他到一家書店學釘書，主人和他簽了7年的合同。這一段期間對他一生有深遠的影響。因為一個沒有機會進學校的孩子，在這裡可以每天接觸到知識寶庫，一種奇異的糧食–書。他曾經仔細研讀傳教士華滋所著的《思想的改造》一書，這本書告訴人家對於一件事的判定，需要自己親身嘗試及觀察後，才可以提出一種可能的解釋，避免做一個過早論斷的人，這個教導正是自然實驗。他讀了化學反應，靜電和熱、光現象的書，並節省零用錢去買一些簡單價廉的儀器，照著書中的說明去做實驗。

　　英國皇家學院當時最負盛名的理化學者戴維（Humphrey Davy 1778-1829）將要連續做4場演講，講題是本質哲學。當時法拉第也想去聽演講，他厚著臉皮向顧客提及願望要求顧客給他買票的錢或者向長兄要錢，無論如何法拉第是如願以償的去聽那4場演講，並且做了完整的筆記。法拉第漸漸的厭倦了他的職業，他冒昧的寫了一封信給戴維，內容不外乎是對戴維的崇敬以及希望獲得他的幫助，並且希望幫他介紹工作。同時他還附上筆記作為他專心聽講的證據。法拉第心想：「要是能換個職業也不必每天和紙張、膠和釘子做伴，但要換什麼職業呢？假始能夠到戴維先生的皇家學院工作，那裡有數不盡的器械、化學品，還有充份的空間和時間讓你應用，又有許多專家的談話可以聽，那多好呢？」大部分的人都認為世界上偉大的學者怎麼會肯花時間為一個窮苦的釘書匠回信呢？但是戴維卻回信了，隔了一段時間戴維又寫了一封信問法拉第是否願意擔任實驗室的

205

助手，法拉第迫不及待的答應了。

　　起初法拉第的工作僅是保管實驗室的儀器，沒多久由於法拉第傑出的表現就正式成為戴維的實驗室助手。戴維準備攜帶夫人到歐洲大陸考察，她是一位高貴的夫人需要一位僕人侍候，法拉第被要求隨行當戴維的繕寫員和料理瑣事的雜務員，並兼做他們的僕人。這位夫人為了顯示她的高貴和權威，經常蓄意侮辱他不准他和他們同桌吃飯，法拉第只得逆來順受委曲求全。

　　英國人瓦特（James Watt 1736-1819）發明蒸汽機代替獸力已有半個世紀，煤礦的大量開採使得業者請戴維發明一種礦工用的安全燈，這是一項艱鉅重要的工作，因為關係到數千礦工的生命，法拉第立即研究這個問題，並提供給戴維許多聰明的建議。第2年安全燈就在地層底下亮起光明，這使得戴維不得不對法拉第另眼相看。但是出於追求工作的完美，法拉第卻對外宣稱這種安全燈並非絕對安全，無視於愛慕虛榮和名譽的戴維的感受，使得戴維大為惱火，因而造成兩人交惡的開端。

　　法拉第不僅從事電學方面的研究也做化學實驗，相信氣體也可以變為液體譬如氯氣液化。他寫了一篇論文給皇家學院，戴維審察那篇文章後加上一些註解，表示這篇論文的實驗有某些部分他曾參加過意見。法拉第當然沒有異議，於是這篇論文便在會中宣讀了，但是卻使得戴維無法容忍。他想一個釘書匠又是男僕的法拉第居然會得到那麼大的榮耀。戴維一直認為自己是英國最偉大的學者之一，他不願意有人搶了他的光采。因此當有人提議讓法拉第成為皇家學院會員的時候戴維便堅決反對。而投票的結果僅只一票反對其他人都贊成，於是法拉第順利的成為皇家學院的會員。

　　法拉第身在歐洲的學術重鎮雖然發現電磁感應現象和直流電動機原理，但是苦於沒受正式教育，對於數學和數學方程式一竅不通，他反而擔心沒法子找到

能繼續解開磁與電的謎題的人。他應該看到隔著玻璃放在鐵屑上面的磁鐵所造成的鐵屑上的磁力線，他想這種磁力線可能和水面的振動或聲波的振動相似，也可能和光線有關。事實上這個現象和現代有人主張的漩渦，或者筆者所觀察到的水往上流的漣漪也有相似之處。法拉第做了一個實驗，讓從一塊玻璃的一端射入一束光線，上面放著磁鐵，結果光線通過玻璃居然發生偏光現象。這就如同將一束偏極光射向一塊磁鐵，這束光線會產生偏轉現象一樣，這個實驗的結果可能引發將近百年後的愛因斯坦（Albert Einstein1879-1955）預言，日蝕時日光通過遮住陽光的月球的重力場時，將會發生光線偏轉，這個現象得到觀察日蝕遠征隊的證實，導至物理學家接受愛因斯坦的相對論以迄今天。雖然到底這種光線偏轉的現象是因為法拉第的磁鐵引起的呢？還是牛頓的月球重力引起的？還說不定。

　　法拉第的這些實驗都是後世科學家研究電磁所必須跟隨的實驗，只不過追加了數學和即使法拉第在世也聽不懂的理論。不盡讓人懷疑是法拉第的自然實驗使有數學基礎的科學家無法跟進，所以要重做法拉第做過的實驗以便跟隨？還是科學家的數學讓法拉第完成自然實驗後就打退堂鼓，任由科學家擺佈？

　　1832年法拉第把磁力線的見解藏在皇家學院的櫃子，等著將來有人找到磁力線的解答，因為學術界自從牛頓和萊布尼茲關於微積分是誰發明的，以及達爾文和華萊士關於進化論之事進退唯谷難以論定，不得不採取類似碰運氣的方式來決定選擇優劣，規定你有好的學術見解而目前沒法證明，你當時得把這個見解寫下來找個地方藏起來，以備將來有人證實時你可以再拿出來證明你有優先權，這決不是老子順其自然的說法。但是法拉第的操心是多餘了，歐洲多的是受過數學教育的天才，每天翱翔在書堆裡或者到大學裡開個本質哲學的講座，過個清苦的教書匠生活。這些人就是沒事做所以要找個湊合數學的本質實驗做，就像伽利略是位數學教授卻去找天文、物理的本質實驗做一做一樣。

1855年馬克士威(James Maxwell 1831-1879)在英國劍橋大學畢業後發表了《論法拉第的力線》，在達爾文發表《物種起源》之前幾年本質實驗還是盛行，數學的角色只是湊合而已。法拉第就是不懂數學，所以雖有鐵屑在磁鐵周圍分佈影質的自然實驗可觀察，但是仍無法繼續研究下去。

也許數學家不能像伽利略一樣自己能做本質實驗，但他如果幸運的話，他也許能找到像法拉第的磁力線還能繼續做他的數學研究，這樣講是因為其實大部份的自然實驗沒有數學家的份。馬克士威當年沒有立即找法拉第，可能是數學家在磁力線的自然實驗最多只是配角的角色。但是5年後達爾文發表《物種起源》以及赫胥黎鼓吹科學的影響下，數學家受到重視，馬克士威終於跑來找年老力衰的法拉第了。馬克士威利用微積分的專長，沒有經過實驗，就貿然於1865年發表電磁公式，以及次年電磁理論確立。馬克士威應該已經找到法拉第磁力線的研究方法嗎？讀者都知道科學研究出來的電磁只是針對直線向量，一如大多數的科學研究也是直線向量一樣，但是天然磁石的計量不但不是直線的，而且有磁滯現象。馬克士威的公式不就是暴露出西方數學是平面數學的缺憾嗎**圖6-3**？

圖6-3　法拉第

四. 自然實驗的執行者 – 巴斯德

　　呂文霍克磨製單凸透鏡將近170年後，法國的巴斯德（Louis Pasteur 1822-1895）31歲時，研究葡萄酒中的副產品酒石酸結晶和化學合成的酒石酸結晶有什麼差異？他發現化學合成的晶體有兩個光學不活性中心，而天然酒石酸的晶體兩個中心中只有一個是不活性的，因此他的理論是只要改變化學合成的酒石酸晶體中一個不活性中心為活性，就可以使合成的酒石酸變成跟發酵產生的酒石酸一樣，但這只是理論。

　　我們知道酒石酸的分子結構只是簡單的有機物，以偏光鏡檢查它的差異而且指出哪個原子是光學不活性並不困難。但是如果是結構複雜的有機物分子，還能夠像這樣辨別它的不同嗎？所以說於複雜的有機物分子，可能巴斯德早年的理論不適用。但是現代的科學家還是會用盡心機找出能夠辨別的方法，然而這已不是巴斯德研究葡萄酒發酵的用意了。

　　有史以來染藍色的植物染料，是利用藍染植物經過發酵得到的藍靛染料（indigo）染色的。到了19世紀末德國的化學家用化學方法合成了藍靛素來取代天然藍靛，從此以後天然藍靛的生產沒落了。但是近年來歐盟以環保理由推動使用天然藍靛，先是想要使用基因合成方法生產天然藍靛，以符合環保與科學的發展。不知為什麼後來改向中美洲薩爾瓦多購買天然藍靛染料。天然藍靛染料依其加工製造方法，其染料通常是含水率高的膏狀染料，或是稍加乾燥壓成塊狀，或散土狀，以保持發酵菌日後建藍還原。因此天然藍靛染料中藍靛素含量有限。歐盟卻要求提供近於100% 的天然藍靛粉末銷售歐洲。從這點我們可以推測是不是中美洲產地提供的天然藍靛粉末雖然乾燥，但天然藍靛發酵的黴菌孢子能否存活，一旦恢復到適當的環境，黴菌又長出來進而完成發酵，使不溶性的藍靛變成水溶性藍靛，完成建化藍染液體的步驟。因為複雜有機物的合成需要一系列的酵

素反應才能達到目的，而這種複雜的人工反應鏈與例如天然藍靛的發酵是完全不同的機轉。前者屬於科學，而後者是自然實驗。前者可以得到100% 的產品所以價格便宜，後者只能得到微量的藍靛素，產品價格昂貴。但是後者的基質含有不知名的混合物，具有芳香的泥土氣息，不是合成藍靛所可取代的。歐盟既要近於100% 的天然藍靛粉末，利用其中的孢子來完成發酵作用，以產生可溶性藍靛，這豈不是繞了一圈回到古老的方法嗎？天然的終究不會被合成的取代。這不儘讓筆者回想起一個傳聞，早年台灣還不能自製味精，有個台灣企業家藉口參觀日本大味精廠，他在參觀時故意把西裝衣袖沾了一下所想要的黴菌，回來後馬上培養，從此以後台灣就能發酵自製味精了。

　　巴斯德在35歲時替業者研究酒精發酵的問題，38歲時替蠶農研究蠶寶寶的疾病。43歲他對生物的自然發生說不能苟同，於是做了一個自然實驗，他以肉湯裝在一個有彎曲頸部的燒瓶裡，然後以棉花塞在瓶頸底部離開位於上方的瓶身入口還有一段距離。就這樣放置室溫下一段時日肉湯還是澄清的，沒有因雜菌侵入而變成混濁，因為雜菌都掉到瓶頸底下被棉花阻隔，進不了瓶內，肉湯因而不會腐爛，於是自然發生說被推翻了。由這個自然實驗的結果他開始研究微生物理論，並且據以提出低溫消毒的方法叫做巴斯德氏殺菌法（pasteurization）。這個方法用在啤酒業成效很大，當時轟動整個歐洲，只是因為他做了肉湯的自然實驗，以其結果加以推理，從而發展出實用的新殺菌法而已。

　　巴斯德是位有多種才能的化學家，終身從事自然實驗。他在46歲及55歲兩次中風，雖然這樣他還是從事於法國民眾需要的自然實驗研究。到西元1877年成立了巴斯德研究所（Pasteur Institute），這個研究所在我國也成立分所。他似乎不接受赫胥黎鼓吹的科學，他早已從事酒精發酵的自然實驗有成，那時達爾文還

沒有發表論文及出版《物種起源》。等到後者書出版了而且赫胥黎也開始鼓吹科學了，巴斯德正熱衷於證明自然發生說不能成功的自然實驗，從而研究微生物理論，並且提出巴斯德氏殺菌法。

到52歲他出版了啤酒的研究，次年他研究牛和羊的炭疽病接種和從事雞霍亂病毒的研究。他將雞霍亂病毒的研究公開做，15隻正常羊是控制組，25隻羊接種了雞霍亂病毒疫苗，另25隻羊注射了減毒的雞霍亂病毒。他將這3組羊全部注射劇毒性的雞霍亂病毒，結果控制組全部死亡，其他兩組存活。隔年他又研究壞疽、菌血症及產褥熱。

57歲時他研究出炭疽病的疫苗，61歲時他對一位被狂犬咬數次的小孩注射狂犬疫苗，而成為世界上第一個治療狂犬病成功的例子^{圖6-4}。

圖6-4 巴斯德

211

五. 演化論的提倡者及擁護者－達爾文及赫胥黎

英國的查爾斯達爾文於1859年出版《物種起源》一書震驚生物界。他是位家養動物育種的愛好者，早年曾以英國博物學者的身份搭乘英國軍艦小獵犬號以船長聘約的博物學者身份，參加了一趟為時5年的探險之旅，使他有機會探訪全球各處的海岸線，以便採集各種動植物標本。同樣的博物學者如後來英國的華萊士，也曾經在南美洲亞馬遜河及亞洲馬來亞群島地區，採集動植物標本。

想來查爾斯達爾文在他的家族薰陶下做了這趟自然實驗，只因為他的祖父老達爾文（Erasmus Darwin）是位社會名流，主張生物之間的競爭會讓最適者勝出，因而得以繁衍後代。當生殖力與族群的成長率，超過了生存物質的供應時，會驅使生物彼此競爭。這個時候西方還沒有人是猿猴演化而來的觀念，教會的有神論的說法還深深箍在西方人的頭上。老達爾文可能在想，將近200年前伽利略以他是數學教授的身份投入天文、物理研究就能成就一番氣候，那他為什麼不能用適者勝出的觀念而不憑數學也在博物學上闖出一番天地，何況在英國教會的禁忌也不如歐洲嚴格呢？老達爾文還容許用進廢退的說法，而這個說法是指生物的器官若常常使用就特別發達，若不常使用就會萎縮，這種特徵可以傳給下一代。老達爾文的這些觀念深深引起同代英國經濟學者馬爾薩斯（Thomas Malthus）的共鳴，而後者把這個觀念用在他的著作《人口論》上，儘管這時人是上帝創造的教會說法還是主宰著西方的思想。同時代的法國生物學家拉馬克（Chevalier de Lamarck 1744-1829）觀察每一代的長頸鹿不斷往更高的枝葉覓食，如此代代相傳下來每一代的頸子都會長些，也就是符合用進廢退的說法，他把這個現象總結為後天特徵傳下來的。

小達爾文搭乘小獵犬號赴中南美洲做實地考察後，足足有20年之久他每天在英國的同一條菜園小徑上漫步，想他那育種市場上看到的現象，和回憶起1831年

他在比起歐洲和亞洲，地廣人稀文明落後的中南美洲所做的自然實驗。直到年輕的英國博物學者華萊士，花了幾年的歲月在南美洲和馬來亞群島等地也做自然實驗後，華萊士把他的成果寫成論文，在公開發表前寄給了老達爾文的孫子看看有什麼不妥的地方。沒想到這就引起了小達爾文的警覺，認為在這個問題上他的家族有優先權，因此也寫成論文和華萊士的那篇論文一起發表在同期的雜誌上，隨後小達爾文在他的親密友人赫胥黎的慫恿下整理出版《物種起源》。

小達爾文早已把他年輕時實地考察的自然實驗忘了，只有帶回來的標本證明他有去過，除此以外他還有什麼？他還有老達爾文留下來的「生物競爭適者生存」，也就是後來在小達爾文的擁護者的哄抬下形成的天擇觀念，即使他的祖父還同意拉馬克主張的後天特徵傳給下一代的說法。雖然如此，小達爾文確實是很用心寫這本書，以當時英國在歐洲的先進，就像今天的互聯網全球資訊唾手可得一樣，他的環境確實能夠使他成為進化論的提倡者當之不愧，而這也是人類的進步。

可是提倡歸提倡證據歸證據，那最多只能成就一家之言，環宇間還有許多可能，只不過人類的知識是逐步累積才能前進的。

小達爾文在《物種起源》的最初幾版中他還不敢拋棄他祖父同意的拉馬克用進廢退的看法，這個時候他的密友赫胥黎還說自己不同意天擇這樣劇烈的主張，不知道是不是真的，但他們親密的程度小達爾文老來還和赫胥黎住在一起。赫胥黎承認後來他改變了看法變成最堅持天擇論的人，所以才有嚴復的那本《天擇論》被李春生反駁之事。

小達爾文打破了教會的壟斷，主張不管是動物還是植物都是由低等的物種演化而來，他以自己曾實地考察的身份，再加「生物競爭適者生存」的他家族的

說法，赫胥黎根據小達爾文還保存的標本和記憶，編寫出這個說法的證據如下：（一）比較古生物地理學上的差異。（二）胚胎學的證據。（三）形態學的證據，如動物退化的器官。（四）解剖學的證據。所以他們認為人類是由猿猴演變來的，這就是小達爾文的進化論。英國從此以後才開始在中學推廣生物學，而在大學推廣的規模比較小，研究幾乎少之又少。

在赫胥黎的推波助瀾下小達爾文的進化論演變成後來的天擇觀念，赫胥黎因而得以四處遊說科學這一名詞（嚴復意譯成天行，但誤會是自然的意思，因此造成老子的「自然」被現代人以為是nature或naturally的意思）。赫胥黎從他面南的住宅看到牆外荒蕪的樹木野草，以及老鐵橋和舊石階因風吹雨打而生銹以及長滿苔蘚，他就想起要靠人為力量使這退化現象消除。他認為鐵橋生銹和石階長苔蘚是因為建了鐵橋和石階才有生銹和苔蘚，這就是科學家講的本質的結果，而且這個科學和宗教的神無關，有神論者李春生譏諷這是人治「常相毀而不相成」，也就是常常互相毀滅而不互相牽成，不是老子的「自然」。赫胥黎於是在大學做一系列的關於人定勝天的演說，主張生存競爭強存弱亡的天擇論（natural selection 普通話是自然選擇，其實應該翻譯成本質選擇）。赫胥黎主張科學正當英國國勢經過兩個世紀來的強盛，面臨衰敗的時候，他極力推廣自己的科學說。

但是我們知道老子「自然」的意義並不是達爾文的所謂自然選擇，或者是赫胥黎說的本質選擇，因為他們的共同說法是「生物競爭適者生存」，而這只是符合老莊思想、緩衝的一部份而已。所以自然實驗符合「自然」的宗旨，而對本質赫胥黎說是科學，而這也是李春生與嚴復對自然一詞爭執的焦點。

憑心而論其實科學並沒有什麼不好，只是一提倡科學把國家民族的利益考慮進去，不論是好事還是壞事都容易引起糾紛，這不是老子的「自然」。如果根據

米勒所說的伯拉圖時代到羅馬時代的本質哲學只能視為寓言，換句話說這個寓言等於形而上學，而形而上學只不過是伯拉圖時代比古埃及的孟斐斯神學更進步的哲學而已。也好比今天的科學，只不過科學必須是人定勝天才算是科學。這樣說來科學不也是一種如宗教一般或形而上學的另一種信仰嗎？

在我國傳播了約2000年的道佛思想，對我國歷史上的影響是很大的，為了把老子的想法與道佛廓清，筆者認為有必要把《道德經》13章在「自然」與科學時代的道佛辯論之餘順便討論一下。

道教的祖師張道陵主張修身養氣以得仙壽，人不得貪寵使得能夠積善成功、積精成神，能這樣就能神成仙壽。

佛教主講的6根（眼、耳、鼻、舌、身、意）及6境（色、聲、香、味、觸、法），也可說是老子《道德經》裡的「夷」、「希」、「微」、「無味」、「無欲」、「莫知」等思想的對應之詞。但是佛教又衍生出所謂的8識，逐漸偏向唯心論，這就與老子講的「水」的性與質，也就是「心物合一」的緩衝有所不同。

能這樣分辨下列13章與道佛不同的地方是，該章講的是老子是長官的下屬（說得意象一點是天子的下屬），所以得到或失去長官的厚愛都會驚恐，所以老子的思想已進步到「無身」－也就是他只留下思想的境界了，而這個境界他只能行「不言之教」以留傳給後世。

《道德經》13章：

> 寵辱若驚，貴大患若身。何謂寵辱若驚？寵為下，得之若驚，失之若驚，是謂寵辱若驚。何謂貴大患若身？吾所以有大患者，為吾有身，及吾無身，吾有何患？故貴以身為天下，若可寄天下。愛以身為天下，若可託天下。

譯文及解說：

如果我被寵愛或者被侮辱，我就會害怕。如果有大患會波及我的身上，我也會驚慌。什麼叫作寵辱若驚？我若是位居下位而被寵愛，得到寵愛會驚慌，失去寵愛也會驚慌，這時候我就會患得患失，這就叫做寵辱若驚。什麼叫做害怕有大患會波及到我的身上？大患之所以會發生在我的身上，是因為我有身軀，假使我沒有了身軀，我還有什麼好害怕的呢？所以要珍惜自己以身為天下設想，如果可以就要寄望於天下。愛惜以身愛天下的情操，如果可以就要託付給天下。

「吾所以有大患者，為吾有身，及吾無身，吾有何患？」這句話似乎預言了牛頓與萊布尼茲的爭執，以及小達爾文與華萊士的過節，不妨教他們這麼想就不會有糾紛了。但是我們也不必解釋為這是老子消極的話，就像婆羅門教或釋迦牟尼的佛教要人家薰修證果之言，只因為老子接下去說了「故貴以身為天下，若可寄天下。愛以身為天下，若可託天下。」這樣入世的話，作為一位東周當官的老子，說這種話沒有什麼好奇怪的。何況以他身處的擾攘不安的工作環境來講，他這樣說也是「自然」的。

從這裡我們可以看出老子的真性情有這麼廣闊，若在王弼本《道德經》編排的順序就是老子編《道德經》的順序這個前提之下，老子編這一章時似乎M57超新星還沒爆發，所以老子只受到宮廷裡磁石門的影響**圖6-5、6-6**。

圖6-5 達爾文

圖6-6 赫胥黎

六. 自然實驗的隱士 – 孟德爾

　　在達爾文出版了《物種起源》後才6年，奧地利僧侶孟德爾（Gregor Mendel 1822-1884）表了碗豆雜交的自然實驗。達爾文在後面版本的《物種起源》與孟德爾的遺傳理論的說法，也就是後代的性狀是親代雙方性狀的混合不謀而合。孟德爾的碗豆雜交實驗，證明子代的性狀可以和親代的一方相同。達爾文和孟德爾個別的實驗結果本來各行其是沒有所謂的矛盾問題，只不過是水磁洄漩流出「大一」到位而已，沒有強要她流到什麼地方，但是赫胥黎可不這麼想。

　　就像法拉第研究磁的應用和現象後就沒法再研究下去一樣，孟德爾在幾次發表碗豆雜交的研究報告後，可能是面臨沒法繼續研究的困境而轉向投入他本來教會的工作。

　　但是別擔心後繼無人，孟德爾發表他的研究報告35年後進入20世紀時，有3位學者不約而同個別做遺傳實驗，因為這時投稿科學研究的報告，已要求研讀曾經發表過的文獻以便決定誰有優先權，因此孟德爾的報告重新出現了。接著在1902年英國的貝特森（William Bateson 1861-1926）定下了研究孟德爾的遺傳必須遵守的準則：（一）知道他發現了什麼？（二）他是如何發現的？（三）他對自己的發現如何看待？（四）他的發現對他的時代的科學中肯嗎？該發現和他的時代的科學有什麼相關？

　　赫胥黎主張天行，就好像強要水磁流到一定的目標似的，這是無法到位的。現在好像要求水磁不但要流到什麼地方，而且要講出使用什麼磁浮(工具)流到那個地方才算數，完全不必想到位的事情。至於最後一個問題，即然孟德爾在做自然實驗時赫胥黎還沒有大力宣揚科學，可見得孟德爾當時做的是自然實驗。因此後來科學界拉拉雜雜的要求東要求西，真是多此一舉。所以說貝特森的4個問題，也就等於李鎮源說的杜聰明的論文從來不包括「討論」這個項目一樣的情

形。

　　20世紀初研究遺傳的還有另一個派系，專門以數學方法統計孟德爾的顯性與隱性遺傳，但其實數學只是平面數學，而平面數學也許可以進入本質實驗，但是不能單獨進入自然實驗^{圖6-7}。

圖6-7　孟德爾

七. 自然實驗的實行者－梅森

　　梅森（Patrick Manson 1844-1922，又名萬巴德）作為英國殖民地當局的醫生，於1866年抵達台灣島南部的打狗（高雄）港海關開始服務。4年後改派到台灣海峽對岸的廈門海關。他在服務20年後離開廈門到香港，於1889年回到英國。他後來是倫敦熱帶醫學校的創辦人。1877年當他在廈門時，為了血絲蟲病的流行做研究，他讓一名我國病人晚上睡在床上，然後將一棧燈放在病人身旁，打開通往戶外的門讓蚊子飛進來叮咬一個晚上。第2天將蚊子放進培養皿和病人的血一起在顯微鏡下研究，從此打開了梅森自然實驗的大門，儘管這是貨真價實的人體實驗。

　　梅森做血絲蟲病實驗以前，人們並不知道一種流行於熱帶地區的下肢或陰部慢性腫脹的病因是什麼？梅森以一位海關殖民地醫生在業餘之暇做研究，這才讓人們知道血絲蟲阻塞淋巴管是這種慢性腫脹的病因。比較起史諾的經歷和梅森，後者的成功有兩個條件，（一）梅森在殖民地的異國社交的機會很少，他投入佔去他大部分時間的疾病研究是「自然」的事。（二）梅森在我國做殖民地醫生20年期間，正值歐洲因為達爾文的進化論掀起鋪天蓋地的生物界大革命，隨後才有赫胥黎的科學。所以梅森對疾病的想法受科學的影響很少，反而受自然實驗的影響比較多，完全憑他對自然的觀察來記錄。

　　血絲蟲在人體內成長於人體的淋巴組織，因阻塞淋巴管所以造成下肢或陰部腫脹變形，生出來的微血絲蟲有時會侵入血液循環。由於梅森身處於高流行區每天接觸病人，而他是唯一的專業人員又擁有當時最先進的設備－顯微鏡（他在台灣時只有一枝放大鏡），所以他不得不對這種病的研究全心全意投入自不待言。他注意到為什麼同樣是病人，做血液檢查時有時可以找到微血絲蟲有時卻找不到？這時候他想到微血絲蟲從組織游入血液中的行為是什麼？

　　幾10年前當史諾走過百老匯街40號泵浦時想到的是，前幾天那最先得到霍亂的嬰兒，她媽媽洗衣服的廢水怎麼進入這支泵浦的，而且還有人在被問了之後回憶起確實有一陣子清涼的飲水變得發臭。而梅森這時想到的是那種已在人體組織內的致病血絲蟲，生出的微血絲蟲，又是什麼時間跑到血液內的？想到這裡他找了兩位專門助理各值班半天抽病人的血，一位負責白天的檢查，一位負責晚上的。結果梅森發現微血絲蟲太陽下山的時候開始出現在血液中，逐漸增加直到半夜，要到第2天早上9-10點才變得很難發現。梅森認為是蚊子到晚上才飛出來叮咬人的關係。這個簡單的自然實驗對血絲蟲病的了解是小事一樁，但對梅森而言其結果卻引發了日後他對瘧疾發熱的不同形態研究的興趣。

成書於2000多年前的《黃帝內經‧至真要大論篇第七十四》有記載：

　　「火熱，復惡寒發熱，有如瘧狀。或一日發，或間數日發，其故何也」。

譯文及解說：

　　發燒，發熱發寒，就像瘧的症狀一樣。有每天發作一次的，也有間隔數日發作的，這是為什麼呢？

　　這應該是瘧疾的症狀，黃帝內經可能是戰國時代就有人開始編了，這一篇排在素問全部八十一篇的七十四篇，應該是較晚的時候寫的，所以可能是西漢強盛時記載的。西漢疆域很廣，所以南方的瘧疾列在這裡是合理的。

　　梅森退休回國後提出一個理論，對當時還不明瞭病因的瘧疾主張是蚊子叮咬引起的。另一位在英國印度殖民地的醫生路易是更早在病人身上發現微血絲蟲的人，但是他缺少了像梅森的人體自然實驗，所以他沒發現微血絲蟲和血絲蟲病之間的關係。梅森對血絲蟲病的人體叮咬自然實驗發表後，引起英國科學家的吹毛求疵的質疑，他們認為那樣的研究不符合最新的科學方法，迫使梅森不得不再做

一次血絲蟲病人體自然實驗。

　　瘧疾原蟲早在梅森還沒退休回國以前，就由Laveran在法國駐阿爾幾爾殖民地軍人的血中發現，但是他沒有生物學基礎，所以只能叫它做寄生蟲元素。1889年梅森回國後，發現英國對自然實驗的認識不如歐洲大陸的德國和法國來得深刻。英國被達爾文的《物種起源》一書的出版正陶醉於勝利的氣氛中，再加上赫胥黎在梅森回國當時正在國內到處鼓吹科學，迫使梅森不得不把愛國主義加入他對瘧疾–蚊子理論建立的必要手段。梅森於1894年提出瘧疾可能是由吸血的昆蟲在人體外完成寄生蟲元素的生活史而感染人才生病的。這個吸血的昆蟲指的當然是他曾經研究過的蚊子，而寄生蟲元素就是後來他的弟子羅斯（Ronald Ross 1857-1932）以類比法證實在蚊子身上的瘧原蟲孢子，因而推論出瘧原蟲也應該出現在蚊子身上而感染人類。為了建立瘧疾是蚊子叮咬引起的說法，梅森認為需要做疫區蚊子的顯微鏡檢查。他積極找一位要到印度殖民地服務而且要懂得顯微鏡的年輕醫生，因為他知道要自然實驗能成功一定要有現場，而他已年老不堪擔負此重任。不像達爾文雖然他已離開現場超過20年，他還認為他比正在現場調查的華萊士有資格主導這個報告怎麼寫法，雖然他早已忘記了當初他是怎麼觀察的，但這不影響達爾文提出進化論。

　　梅森與達爾文不同，達爾文收到華萊士送來了研究論文要求審查，也許是達爾文感覺到教會的神學已經不再能滿足華萊士等年輕人的新發現，而那是自己年輕時做過的，基於他家族的使命感和自己已經身體衰退，在赫胥黎的慫恿下，無法像梅森一樣的有實事求是的精神，再找個年輕人到現場研究自己的新理論到底妥不妥，因此華萊士論文發表的優先權不在他的考慮之列，從而寫出一篇看似華萊士的類似論文一起發表，赫胥黎也藉此機會將達爾文的進化論推上天行的列

車。從這個例子可以看出一個人到了年老體衰的時候，如果他的思想還能激發後輩從事這方面研究的動機，那麼他只能以近身所能連繫上的媒介－例如老子的編《道德經》和《大一生水》、達爾文的寫《物種起源》，來傳達他們的思想。

梅森找到了羅斯，羅斯到了印度起初也學梅森的人體自然實驗方法檢查患瘧疾的病人和蚊子，但是他在蚊子身上找不到瘧原蟲的孢子集中的所在。為了替羅斯找個比較穩定的地方繼續研究蚊子，1894年起梅森游說英國當局說在意大利、法國、德國甚至於美國的病理學家都投入瘧原蟲的研究，只有英國好像不關心自己在印度殖民地和本國的瘧原蟲研究（事實上可能整個英倫三島都已經陶醉在赫胥黎到處演講鼓吹的科學熱潮之中無暇他顧）。1898年梅森替羅斯找到印度殖民地一個為期六個月的研究瘧原蟲的職缺，由於沒辦法收集到足夠的研究材料，羅斯不得已採用類比法用感染的鳥類來做實驗。羅斯檢查蚊子身體中瘧原蟲的孢子集中在哪裡？起初找不到，後來在蚊子的頭部唾腺的地方找到了一大堆孢子，證實了梅森的理論。當要公開宣佈瘧疾–蚊子學說是誰發現的時候，梅森謙讓給羅斯。今天已經知道蚊子叮咬的疾病除血絲蟲病和瘧疾外，還有登革熱，日本腦炎等等，由此可知梅森的自然實驗的意義了。羅斯後來獨得1902年的諾貝爾生理醫學獎，梅森也沒有向諾貝爾獎委員會要求什麼獎勵。

由於梅森和羅斯的瘧疾–蚊子學說的建立，原來只管殖民地第一線醫護歐洲人和做些疫苗注射及有時管衛生工作的殖民地醫生，英國殖民地當局現在開始考慮要不要加入研究這一項？以筆者的看法他們是在考慮要不要支持梅森的自然實驗？正如前面所說的英倫三島正風靡於達爾文的學說及赫胥黎的科學，但是即使在大學能得到研究費的機會卻很少，這就造成了搶研究費的局面。自從羅斯的研

究成功後，先有西非殖民地當局主張在當地成立一個科學機構以便研究當地的疾病，後來又有一位非洲的英國富商，提議在利物浦設立利物浦熱帶醫學校。但是殖民地當局還是決定於1899年在倫敦成立倫敦熱帶醫學校。學校成立前後，就須面對有將近400年歷史的皇家學會的醫師搶奪主導權。等到學校成立後殖民地當局拿出各殖民地的經費，由英國的財政單位配合成立研究基金，皇家學會的醫師還是認為這是城市研究科學的大好機會，而不是殖民地當局認為的帝國醫學–也就是筆者所說的自然實驗的研究機會。孫逸仙革命失敗後倫敦蒙難，梅森是設法援救他的英國人中的一位**圖6-8**。

圖6-8 梅森

八. 自然實驗的分心者 – 魏爾嘯

魏爾嘯德國人，是細胞病理學的創立者。自古希臘起早已有西波克拉特（Hippocrates 460-377BC）主張疾病是體液異常引起的。顯微鏡發明後到1831年，德國人施容登（Matthias Schleiden 1804-1881）因為頭部被球打到受傷使他從執業律師的身份，改變成重新唸同校的植物學。但是他覺得當時所教的分類學千篇一律枯燥無味，所以他就研究起細胞來，發表了植物中的細胞論文。無獨有偶德國醫師施萬（Theodor Schwann 1810-1882）也研究動物細胞，當他知道施容登研究植物細胞後，就邀請他到他的實驗室觀看動物細胞，1839年他們發表了施榮登—施萬細胞學說。距離呂文霍克用270倍的凸透鏡看雨滴裡有小生命在游泳將近170年，但是他們跟呂文霍克不同的地方是後者所報告的是活的，而前者要經過切片、固定、染色等手續才能觀看死亡的組織。1842年魏爾嘯受到他的老師的鼓勵使用顯微鏡研究疾病，一反自古以來的體液病理學講法，魏爾嘯認為一切疾病都是細胞異常引起的，因此在1858年發表了細胞病理學學說，這就是現代的病理學內容。

現代的病理學只是看死亡組織的形態，由受過訓練的醫師來解釋病變並下診斷。在台灣還是封閉式的就像法院一樣大法官才有解釋權，限定病理醫師才有最後診斷的決定權。 但是醫師的見聞有限，因此這個診斷系統就只有靠全世界最頂尖的人物來決定。到底病理學者所看見的是死的組織，所以說細胞病理學是科學但不是自然實驗。在魏爾嘯發表細胞病理學學說前2年，他發表了對靜脈栓塞病理機轉所做的觀察及推理，他認為靜脈栓塞引起的原因是：（一）正常血流改變。（二）血管壁內皮細胞受傷。（三）血液成份改變等3因素，人們把這個結果命名為魏爾嘯三角（Virchow Triad）。比較起魏爾嘯三角和兩年後發表的細胞病理學學說，前者是貨真價實的自然實驗，因為靜脈栓塞的原因除內皮細胞損傷

外，還有正常血流改變和血液成份改變兩種，不知道為什麼兩年後他發表的是細胞病理學學說。

　　魏爾嘯三角發表在達爾文的《物種起源》出書前幾年。幾乎在達爾文出書同時，他又發表了細胞病理學學說。這是否意指兩者有德國和英國競爭的關係，才造成今天的病理學走向？150年後的今天看來，魏爾嘯三角的缺點是，不只是血管壁內皮細胞受傷才是栓塞的起因，但是筆者看到我國學者動不動就拿血管內皮細胞做研究，也不考慮血管壁還有其他成份組成包括細胞和非細胞在內，個人寧願相信這不是魏爾嘯的本意，因為這不是自然實驗^{圖6-9}。

圖6-9　魏爾嘯

九. 自然實驗的中輟者與科學家－柯霍

　　同樣的柯霍也受赫胥黎影響，柯霍於1872年普法戰爭期間奉派到鄉下，他開始在鄉下研究家畜動物的炭疽病，那裡沒有圖書館也沒有科學同好可以聯絡，他的實驗是在克難的條件下做的。為了證實別的學者關於炭疽病可能從動物血傳染的說法，首先他將死於炭疽病的家養動物的脾臟中分離出炭疽桿菌，再將這些桿菌接種到健康小白鼠身上，這群小白鼠全部被炭疽桿菌殺死。但是從健康動物取得的血液接種到同樣健康的小白鼠則不生病，如此他發現了炭疽桿菌，也完成了自然實驗。柯霍進一步做炭疽桿菌的培養研究，發現培養環境不適當時例如缺氧會產生圓形的孢子，若環境恢復正常則炭疽桿菌會重新長出。第2個炭疽桿菌的實驗應該只是孢子的發現而已。柯霍繼續做當時還找不出病原菌的肺結核研究，因為結核菌具有一層臘質的保護膜染色不易，所以一直沒被發現，直到他發現了培養的方法才能看到結核菌。經由這樣轉折的經驗，他於1890年訂立細菌實驗規則，叫作柯霍法則，使得要解釋某細菌是某病的致病原因變得更嚴格、更複雜。主事者遵照柯霍法則的要求做細菌實驗，手續上零零碎碎並不允許更改。自然實驗的做法是外觀簡單明瞭，複雜的是內心思索如何行動的思索過程。柯霍於1891年擔任柏林大學傳染病研究所所長[圖6-10]。

圖6-10　柯霍

十. 以毒攻毒的科學家－艾爾利希

巴斯德研究所的耶爾辛（Alexandre Yersin 1863-1943）是和日本人北里柴三郎（Shibasaburo Kitasato 1853-1931）於西元1914年香港肺鼠疫大流行時，到達現場調查，因而發現自1300-1600年代肆虐歐洲以至於傳遍全世界的鼠疫病原菌。鼠疫之所以大流行是因為肺型鼠疫可經由呼吸傳染，和現代的流行性感冒傳染途徑一樣，所以當年到現場調查鼠疫流行是一件冒險的事。

北里柴三郎和德國人艾爾利希（Paul Ehrlich 1854-1915）同是柯霍1891年當傳染病研究所所長時，追隨在左右的研究人員。可能是艾爾利希從北里柴三郎那裡得知中醫有「以毒攻毒」的醫理，當時流行於歐洲的傳染病－梅毒（一種造成動脈血管壁彈性纖維化及神經實質病變的性病）猖獗，促使艾爾利希採取這個方向做研究。他以砷的苯基化合物（俗稱606的arsphenamine，代表第606種化合物實驗）治療梅毒病人獲得成功，這是全世界第一個化學合成物用於人體治療疾病成功的例子，在之前西方除了用草藥治療外，是以放血、水蛭吸血以及澡堂工或理髮師轉業過來的外科治療手段等等療法為主。

但是用艾爾利希的這種辦法治療彈性纖維化，以現代的環保觀點（ecology）來看是太不值得了。然而彈性纖維化又影響了現代流行的癌症、心臟血管病、肺傳染等慢性或急性疾病，因此筆者認為這個方向的治療或預防還有發展的空間，也許這應該是考慮做自然實驗的時候了。

艾爾利希是科學家，所以他的實驗步驟必須記載得清清楚楚，以便向他的主事者柯霍或其他人交代。自然實驗者沒有義務向誰交代，他只須要有發生問題的現場，經過一番思索－也就是萬物有靈自發運作，然後超越鬼神進入「德」的門檻，一如休謨講的符合風俗習慣及道德，從而經過一番實地操作，就能得到結果，然後加以判斷是非。自從互聯網普及以後，從前在圖書館須要抱一大堆厚重的書籍翻閱，才能找到一丁點兒的相關資料，今天只須要在電算機前鍵入幾個關

鍵字，就能夠得到答案了，可見得自然實驗今天來做比從前來得容易。

　　但是萬物有靈的運作如果不能超越鬼神以便進入「德」的門坎，則無法判斷是非，即使有現場也只能胡作非為一番了，所以可說是柯霍因為認為他的柯霍法則是他花了很大的勁兒才得來的經驗，別人必須遵守才能進入「德」的門坎，而得到一定的結果，所以艾爾利希的實驗步驟必須記載得清清楚楚，否則就不算是進入「德」的門坎了。

　　自從艾爾利希發明606治療梅毒成功後，100多年來人類已用過各種化學合成物治療疾病包括有機藥品、天然物的衍生品、放射性藥品、基因藥品等等。醫藥是先進國家重要的民生問題。一世紀來科學對人類的供獻方面仍有不可否認的地方，但是像這樣造成醫療費用的昂貴，甚至於浪費就說不上是萬靈丹了，所以回歸到老子所傳承下來的自然實驗，是今後必須走的路，特別是歐美各國已體會到回歸自然的不可或缺的性質，但是可不能再訴諸於昂貴且有集體毀滅記錄的科學，筆者之所以提到這些是要突顯出讀老子的《道德經》及《大一生水》的價值**圖6-11**。

圖6-11　艾爾利希

十一. 自然實驗的幸運者－佛萊明

英國人佛萊明（Alexander Fleming 1881-1955）於1928年偶然發現青黴菌（penicillium mold）的代謝物有殺死葡萄球菌的作用，展開了抗生素時代。他在1928年以前第一次世界大戰期間研究防腐劑對戰時外傷的療效，在一篇登載的論文說防腐劑只能作用於傷口的表面，而且會吸收深層組織有利於傷口癒合的分子，潛在深層組織的病菌則不會受到防腐劑影響。

佛萊明是位粗心大意的學者，他常常忘東忘西把實驗室裡的東西擺得一蹋糊塗，他常常把使用過的培養皿堆到水槽裡，堆積了一大堆才洗。1928年在他放長假後回到實驗室剛好有一位前助理來訪，佛萊明隨手從還沒洗的一堆培養皿中，拿出一個培養葡萄球菌的培養皿給客人看以便討論。這個培養皿已經長了許多黴菌，檢視結果他突然發現每個黴菌的菌叢周圍都有一圈澄清帶，也就是無菌帶。這說明這種黴菌會釋出一種物質可以殺死葡萄球菌。他找人幫忙找這種黴菌的來源，結果只能懷疑可能是樓上別人的實驗室飄進來的青黴菌而已，發表了這個發現後他就把這件事擱置了起來，因為無法大量培養這種黴菌做實驗。

12年後佛洛理（Howard Flory 1898-1968）和凱因（Ernst Chain 1906-1979）從青黴菌中分離出青黴素（penicillin），他們用在敗血症的病人身上發現有強烈的殺菌效果，但是因為分離出來的劑量很少，以至於藥量不夠，病人好轉一陣子後停藥後又變壞，病人最後死亡。

到了第二次世界大戰期間，英美兩國補助經費研究大量生產青黴素的方法。到珍珠港事變發生時美國已能大量生產青黴素，等到聯軍在歐洲的諾曼第登陸時，聯軍已有足夠的青黴素供應全軍。戰後青黴素開始大量應市，使得世界進入

抗生素時代，又因為抗藥菌的相繼出現，又變成了抗生素無效時代。戰後佛萊明、佛洛理和凱因共同得到諾貝爾生理醫學獎^{圖6-12}。

圖6-12　佛萊明

十二. 做自然實驗的人

　　奧地利人修柏格（Viktor Shauberger 1885-1958）幾代都在奧地利黑森林裡做林業工人，他從小跟他的父親在森林裡學習，所以沒受過學校教育。他觀察到鱒魚回到岸上產卵逆游到山上的瀑布時，在半夜游到瀑布的正中央，經過該處的漩渦自然直立跳到上游去這個現象。他測量出瀑布中央的溫度比其餘的水來得低，但差別可能只在1/10℃之差，而且到半夜水溫降低至接近4℃時，鱒魚跳上去的情形最多，這種現象使他憑直覺知道該處有很大的能量使鱒魚洄游到上游。這種現象就好像水往上流的現象一樣，水磁在水往上流的地方有很大的能量上升，雖然瀑布的水是往下流去的（這不儘讓筆者想起本書卷五討論過的水磁與緩衝的例子）。

　　因緣際會修柏格注意到山上的蛇在水裡游泳時，是以蜿蜒彎曲的姿勢前進的，他就利用這個知識設計將砍伐下來的山林巨木，以山上溪流裡少量的溪水運送到山下的方法。他將以木材做好的巨型運木槽兩側每間隔一段距離，於一邊釘上一塊木頭，接下去釘在另一邊，如此依序前進，以便在釘木塊處造成漩渦。他以這個方法達成運送山上巨木到山下的任務，引起歐洲各界注意到他的成就，從此他的聲名廣為人知。

　　但是修柏格的性格一旦和大眾接觸顯得怪癖，他作實驗從來不和別人一起做，脾氣暴躁，但是他卻能提出爆發（implosin）而不是爆炸（explosin）的與世有別的能量看法，他認為物體的向心力是implosion的動力，而不是離心力。這個想法得到同國人發明交流發電機的泰爾沙（Nicola Telsa 1856-1943）的贊同，已經擁有許多電機專利的泰爾沙，老來還利用implosion的觀念設計沒有渦輪的發電機申請專利，雖然這項專利迄今還沒人實際應用。

　　修柏格認為只要空氣或水就可以使物體飛行，不需要石油燃料。他的作法是

運用鱒魚越過瀑布漩渦的能量觀念，結合運木槽的造成漩渦之設計來進行的。納粹德國把他找來設計飛碟，結果他的飛碟不但能衝破屋頂，連敵國盟軍的飛行員也能看到它。一如英國的賽爾（John Searl）自1946年起就在玩磁鐵發電機，他沒有進過學院讀書，但是他設計的不用電流的發電機，也曾經衝破他家的地下室樓板。

最後筆者認為俄國的柯易列夫把修柏格的觀念，再加上他觀察天體旋轉的經驗，綜合成為漩渦繞場之說。而這個說法除了對修柏格的運輸觀念加以更動，以迎合愛因斯坦的相對論外，還加上以太的學說以及對人體的身心作用。但是老子在2500年前就已經提出北極光、萬物有靈、磁石和人們的作為有關係的說法了**圖6-13**。

圖6-13　修柏格

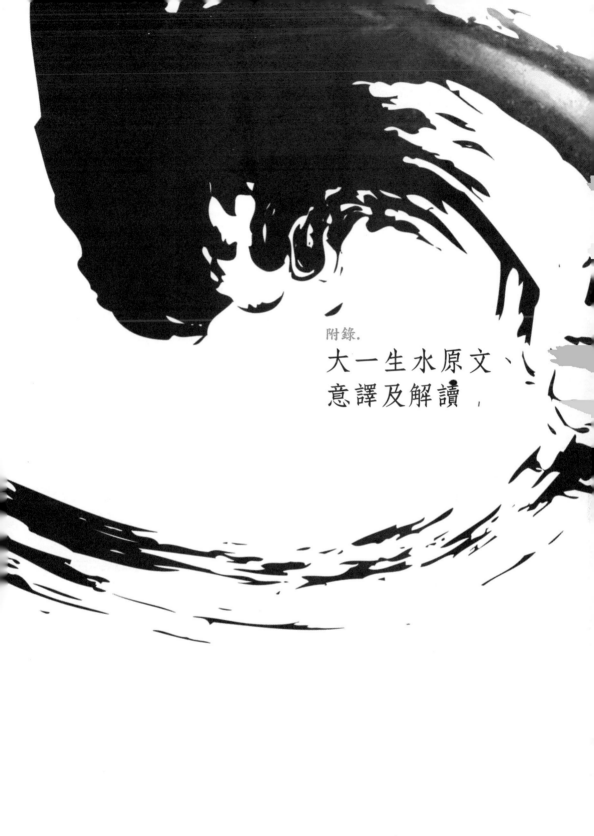

附錄.
大一生水原文、
意譯及解讀

大一生水原文、意譯及解讀

一.《大一生水》原文

大一生水，水反榑（輔）大一，是以成天。天反榑（輔）大一，是以成陞（地）。天陞（地）〔遆（復）相榑（輔）〕【1】也，是以成神明。神明遆（復）相榑（輔）也，是以成侌（陰）昜（陽）。侌（陰）昜（陽）遆（復）相榑（輔）也，是以成四時。四時【2】遆（復）〔相〕榑（輔）也，是以成倉（滄）然（熱）。倉（滄）然（熱）遆（復）相榑（輔）也，是以成溼（濕）澡（燥）。溼（濕）澡（燥）遆（復）相榑（輔）也，成戠（歲）【3】而凷（止）。古（故）戠（歲）者，溼（濕）澡（燥）之所生也。溼（濕）澡（燥）者，倉（滄）然（熱）之所生也。倉（滄）然（熱）者，〔四時之所生也。〕四時【4】者，侌（陰）昜（陽）之所生〔也〕。侌（陰）昜（陽）者，神明之所生也。神明者，天陞（地）之所生也。天陞（地）【5】者，大一之所生也。是古（故）大一贊（藏）於水，行於時，迪（周）而或（又）〔始，以己為〕【6】墥（萬）勿（物）母。罷（一）块（缺）罷（一）涅（盈），以忌（己）為墥（萬）勿（物）經。此天之所不能殺，陞（地）之所【7】不能釐（埋），侌（陰）昜（陽）之所不能成。君子智（知）此之胃（謂）……【8】下，土也，而胃（謂）之陞（地）。上，燹（氣）也，而胃（謂）之天。道亦亓（其）㤅（字）也，青（請）昏（問）亓（其）名。以【10】道從事者必㤅（托）亓（其）名，古（故）事成而身長。聖人之從事也，亦㤅（托）亓（其）【11】名，古（故）社（功）成而身不剔（傷）。天陞（地）名㤅（字）並立，古（故）悠（過）亓（其）方，不由（思）相尚（當）。【12】〔天不足〕於西北，亓（其）下高以弱（強）。陞（地）不足於東南，亓（其）上〔高以弱（強）〕。【13】天道貴溺（弱），雀（削）成者以嗌（益）生者，伐於弱（強），責於〔□，是古（故），不足於上】【9】者又（有）余（餘）於下，不足於下者，又（有）余（餘）於上。【14】

（資料來源：劉釗 2003 年《郭店楚簡校釋》福建人民出版社）

二. 意譯及解讀

　　「道」就是「大一」因為受水磁激發而有水磁洄漩流過。未流通以前的「大一」也是「無有」，意思就是可無可有。一旦流通了就變成「大一」的「常」，這樣將對人群有意義生命才能活下去，這是第一個步驟。第二個步驟是變成「無」，而這個「無」就是水磁，因此叫做大一生水。換句現代的話說就是「大一」生水磁。第三個步驟的目標是水磁反輔「大一」，產生了天這就是「有」，而這個「大一」就有水磁洄漩流出。天再反輔「大一」而產生了「有」的地，天地又一次相輔，先產生水磁，經過萬物有靈然後流到能夠經由「德」的門坎到位的鬼神，然後又從「德」的門坎超越到陰陽、四時、倉然（寒熱）、濕躁而到位，直到一年的終了為止。

　　一年裡有濕躁的時候，濕躁是由倉然（寒熱）來的，倉然（寒熱）是由四時來的，四時是由陰陽來的，陰陽是由萬物有靈變成鬼神，循序經由「德」的門坎反輔過來的。萬物有靈是由天地來的，天地是由「大一」來的。所以水磁所激發的「大一」裡的水磁洄漩流過以後，就使「大一」生水磁，循行於四時，這樣子循環不止，以自己的磁為萬物之母。

　　月亮初一、十五的一缺一盈，雖然照字義只是指月球的週轉變化，老子只是把萬物之經加諸於距今2500年前的天文現象而已。但是萬物之經以今天的天文知識來解釋，她的路徑是「大一」的水磁的「常」，接著是「大一」生水的「無」，最後由天地的「有」所組成，然後銜接萬物有靈。

　　但是老子說的「以己為萬物經」的話，意思是以自己為萬物之經，這是不完全符合本書所說的萬物之經是水磁洄漩流出共同管道的「大一」，而萬物之母是水磁經由個人管道流到萬物有靈及鬼神再從「德」的門坎，以水磁、土磁及氣磁的形式經由這個入口到位的說法。

為什麼超越萬物之經經由個人的管道不合理反而萬物之母合理？因為以現實考慮萬物之經是宇宙穹蒼以至於天地，我們普羅大眾很難跟地球大氣生命圈以外的宇宙直接接觸。除了人類的大氣生命圈以外的探險，即使是地球資源調查的衛星，也許還能夠對大氣生命圈內的現象提出一些將來的參考數據外（不過別忘了那只是西洋平面數學的應用），在大氣生命圈以外目前無能為力。而極光又是以整條河流洄漩流動的狀態呈現在人們眼前，也算是大氣生命圈以外的了。所以應該算是萬物之經的「大一」，老子大概是視力有限沒法預料得這麼多。萬物之母是在大氣生命圈內，而莊子認為磁是相對於活著的個人的，所以這個管道是個人的。

　　萬物之經與萬物之母的循環是天地所不能測量，而陰陽的參與沒法知道，君子知道那是水磁洄漩流出「大一」到萬物之母到位的現象。

　　在下方是土，就叫做地。在上方是氣，就叫做天。我們比較老子的著作和《易傳》，就可以知道後者講求天與地面上的人相感應，而老子的《大一生水》明白指出，地是土而天是氣，分辨得出上下的性質。《易傳・文言傳》說：「**同聲相應，同氣相求。水流濕，火就燥。雲從龍，風從虎，聖人作而萬物睹。本乎天者親上，本乎地者親下，則各從其類也**」，這句話沒有講上與下性質不同，只講天與地的關連性，而且西漢的董仲舒提倡天人感應，是要和《易經》的說法相呼應。

　　就像人的名字一樣，「大一」洄漩流出的水磁是她的字但不是名。請問她的名，因為以水磁洄漩流出「大一」到位來從事人間事務的人，一定得給每件事務一個名，完成了事務就會累積聲望。當官的自然人做這種事也得給個名，這樣才能成功而身體不受傷害。天與地上的人間事務都有了字與名，而萬物之經是有字

而沒有名的，兩者有分別，不認為後者跟前者是相同的。

　　天上方因為日落於西北方，下方有足夠的高度及強韌性讓太陽休息，但是上方卻不足。東南方日出時太陽已高掛在天空，所以地不足於東南，但是上方高且強。

　　水磁洄漩流出「大一」到萬物之母到位是以柔弱為尊貴，斟酌調配陰陽以有利於生者，討伐強者，逐磨堅硬的。因為不足於上的西北方下面卻有餘，反之不足於下的東南方上面卻有餘。

　　因為《大一生水》的原文補充了《道德經》所缺失的部分，比起《道德經》，《大一生水》大部分談「自然」的結構，談人間事務的情形不多，可以把《大一生水》視為講水磁洄漩流出「大一」到位的經典著作，《道德經》才是大部分講人間事務的。把這兩本著作一起讀才能知道人間事務是搭配水磁洄漩流出「大一」才能到位的，老子限於當時的知識有限沒有講土磁及氣磁。

237

參考書目

1. **李明輝、黃俊傑、黎漢基**；李春生著作集4─東遊六十四日隨筆、天演論書後 南天書局 台北 2004

2. **李明輝、黃俊傑、黎漢基**；李春生著作集1─東西哲衡、哲衡續編 49-52頁 南天書局 台北 2004

3. **劉釗**；郭店楚簡校釋 - 大一生水，42-43頁 福建人民出版社 上海 2003

4. **岳南**；考古中國─馬王堆漢墓發掘記 200頁 海南出版社 2007

5. **Gerard Piet著 張啟陽譯**；科學人的年代 遠流出版社 台北 2003

6. **William Gilbert（translated by P Fleury Mottelay）**：De Magnete Dover Publications NY 1958

7. **劉明光**；中國自然地理圖集 133-135 中國地圖出版社 第二版 北京 2007

8. **Lesley & Roy Adkins著 黃中憲譯**；羅塞塔石碑的秘密 272頁 貓頭鷹出版社 2008

9. **閆修篆**；皇極經世書今說─觀物內篇 老古文化事業股份有限公司 台北 2004

10. **伊曼努埃‧康德著 李明輝譯**；通靈者之夢 聯經出版事業公司 台北 1989

11. **龐鈺龍**；談古論今說周易 40頁 大展出版社 台北 2005

12. **朱伯崑主編 吳懷祺著**；易學與史學 213頁 大展出版社 台北 2004

13. **劉韶軍**；神秘的星象 書泉出版社 台北 1994

14. **楊玉齡、羅時成**；台灣蛇毒傳奇─台灣科學史上輝煌的一頁 16頁 天下文化出版社 台北 1996

15. **柯源卿**；醫的倫理─一老醫的回憶及留言 台大醫學院環境醫學同學會 台北 1990

16. **Carlos Castaneda 原著， 魯宓譯**；Journey to IXTLAN - the lessons of Don Juan 巫士唐望的世界 張老師文化事業股份有限公司 台北 2006

附錄 大一生水原文、意譯及解讀

17. **Vintenu-Johansen, P; Brody, H; Paneth, N; Rachman, S; Rip, M**: Cholera, Chloroform, and the Science of Medicine – a Life of John Snow Oxford University Press NY 2003

18. **Haynes DM**: Imperial Medicine–Patrick Manson and the Conquest of Tropical Disease p.163 University of Pennsylvania Press, Philadelphia 2001

19. **Bernt Karger-Decker原著**，姚燕 周惠譯:圖像醫藥文化史 邊城出版:城邦文化發行 台北 2004

國家圖書館出版品預行編目資料

老子大一生水出土的啟示：自然與磁現象的探索 /
王銘玉 著 -- 初版 -- 花蓮市 ： 美崙磁學社
民 100.12　面：17 × 23 公分
ISBN：978-986-87757-0-1（平裝）

1.老子 2.自然現象 3.磁學 4.研究考訂
300　　　　　　　　　　　　　　100021981

老子大一生水
出土的啟示 自然與磁現象的探索

作　　者：王銘玉

主　　編：馬芬妹

出　　版：美崙磁學社

地　　址：970花蓮市忠義三街8之8號

E - m a i l ： fmma.indigo@msa.hinet.net

美術編輯：博印多商業設計工作室

地　　址：40674台中市北屯區崇德路2段317號21樓之1

網　　址：http://www.point889.com

代理經銷：萬卷樓圖書公司

地　　址：106台北市大安區羅斯福路二段41號6樓之3

網　　址：http://www.wanjuan.com.tw

印　　刷：昱盛印刷事業有限公司

出版日期：中華民國100年12月（初版）

售　　價：250元

ISBN：978-986-87757-0-1

老子大一生水 - 出土的啟示 自然與磁現象的探索

The search of nature and magnet by Lao-je viewpoint